基于BIM技术的土木工程施工新技术应用

宋金灿◎著

吉林教育出版社

图书在版编目（CIP）数据

基于BIM技术的土木工程施工新技术应用 / 宋金灿著. --
长春 : 吉林教育出版社, 2019.12 （2021.4重印）
ISBN 978-7-5553-6881-6

Ⅰ.①基… Ⅱ.①宋… Ⅲ.①土木工程—建筑设计—
计算机辅助设计—应用软件 Ⅳ.①TU201.4

中国版本图书馆CIP数据核字(2019)第301088号

JIYU BIM JISHU DE TUMU GONGCHENG SHIGONG XINJISHU YINGYONG

基于BIM技术的土木工程施工新技术应用

著　　者	宋金灿		
策划编辑	杨　琳	装帧设计	周　凡
责任编辑	贾　爽		

出版发行　吉林教育出版社
　　　　　（长春市同志街1991号　　　130021）

印　　刷　三河市元兴印务有限公司

开　　本　787mm×1092mm　1/16
印　　张　17.5
字　　数　200千字
版　　次　2020年6月第1版
印　　次　2021年4月第2次印刷
定　　价　118.00元

前言
PREFACE

BIM(建筑信息模型)技术是一种在土木工程领域中应用于建筑物规划、设计、施工、运营以及管理等方面的数字化工具。BIM能整合建筑物全生命周期内的各种信息并进行信息的共享和传递,为项目全过程各方建设及运营主体提供协同工作,为产业链贯通和工业化建造提供技术保障,为建筑业的提质增效、节能环保创造条件。大力发展BIM技术离不开BIM技术相关的专业人才,在培养BIM技术专业人才的过程中,一方面,要传授学生BIM的基础理论知识和相关概念,使从业者对BIM技术在国内土木工程领域各阶段的应用方法和发展前景有一个正确的认识和了解;另一方面,通过学习BIM技术在土木工程领域的应用方法和案例,提高从业者的BIM应用能力,培养学生初步掌握BIM相关软件的基本操作方法和实际工程应用的能力,拓展学生和从业者的视野并提高他们的专业水平。

以往施工单位的各部门之间缺少有效的沟通合作,只是在每个阶段交接时才进行协同作业,主要的媒介是二维工程图纸和表格,难以保证信息通畅,对工作效率造成极大影响。现在一些结构工程越来越复杂,工程量庞大,涉及多专业内容,需要各专业各部门之间加强配合,使建筑信息沟通顺畅。在此背景下,产生了三维建筑信息模型。三维建筑信息模型(Building Information Modeling, BIM),它可以将与建筑相关的流程进行重新整合,将建筑结构功能信息以及几何信息、建筑所用的材料和设备等有关的数据集合在一起,实现数据和信息之间的共享,对建筑施工过程进行一体化管理,从而提高建筑施工过程的整体质量,减少工程各环节存在的风险。因此，BIM 技术将有助于施工企业的招标、施工以及维护，对施工企业提高效率、降低成本具有重要意义。本书共 8 章，主要介绍了 BIM 概念、BIM 基本知识、BIM 实施环境、BIM 实例分析以及 BIM 在土木工程中的施工技术等内容。

BIM 技术不仅涉及面广，而且是不断发展的，故本书内容难免有不足之处，希望读者不吝提出改进意见。

目 录
CONTENTS

第一章　BIM 概述 ·· 1

第一节　BIM 的定义 ······································ 3

第二节　BIM 的起源与发展 ·························· 28

第三节　国外 BIM 应用状况 ······················ 36

第四节　国内 BIM 应用状况 ······················ 44

第二章　BIM 基本知识 ······························· 47

第一节　不同项目阶段的 BIM ···················· 49

第二节　不同应用层次的 BIM ···················· 52

第三节　不同应用层次的 BIM ···················· 56

第四节　BIM 的评价体系 ···························· 58

第五节　BIM 与相关技术 ···························· 62

第六节　BIM 的特性 ···································· 75

第七节　BIM 的信息互用 ……………………………………… 84

第八节　BIM 的发展趋势 ……………………………………… 92

第三章　BIM 实施环境 …………………………………………… 105

第一节　BIM 与软件 …………………………………………… 107

第二节　BIM 与硬件 …………………………………………… 107

第三节　BIM 与网络 …………………………………………… 109

第四节　BIM 与云计算 ………………………………………… 110

第五节　BIM 团队 ……………………………………………… 112

第六节　BIM 工作流程 ………………………………………… 115

第七节　BIM 应用标准 ………………………………………… 117

第四章　BIM 在土木工程各阶段的应用 ……………………… 121

第一节　BIM 技术在设计阶段的应用 ………………………… 123

第二节　BIM 技术在施工阶段的应用 ………………………… 130

第三节　BIM 技术在运维管理阶段的应用 …………………… 156

第五章　BIM 模型精度及 IFC 标准 …………………………… 167

第一节　BIM 模型精度 ………………………………………… 169

第二节　IFC 标准 ……………………………………………… 171

第六章　BIM 技术在建筑施工的应用 ………………………… 183

第一节　装配式建筑施工关键技术分解及施工模拟 ………… 185

第二节　基于 BIM 技术的装配式混凝土结构设计的研究 …… 198

第三节　BIM 实体配筋及其与平法施工图融合研究 ………… 207

第四节　基于 Autodesk Revit Structure 结构施工图平法表示 ······ 209

第七章　基于 BIM 技术的应用 ······ 215

第一节　浅谈 BIM 技术与施工测量的关系 ······ 217

第二节　基于 BIM 的施工过程减排技术研究 ······ 220

第三节　基于 BIM 技术的建筑施工优化设计 ······ 227

第八章　应用案例 ······ 233

第一节　咸阳彩虹 CEC8.6 代线项目 BIM 应用 ······ 235

第二节　空港项目 BIM 应用 ······ 244

结束语 ······ 263

参考文献 ······ 265

第一章　BIM 概述

第一节 BIM 的定义

进入 21 世纪后，一个被称为"BIM"的新事物出现在全世界建筑业中，"BIM"源于"Building Information Modeling "的缩写，中文译为"建筑信息模型"。BIM 问世后不断在各国建筑界中施展"魔力"。许多接纳 BIM、应用 BIM 的建设项目，都不同程度地出现了建设质量和劳动生产率提高、返工和浪费现象减少、建设成本节省而建设企业的经济效益改善等令人振奋的景象。

2007 年，美国斯坦福大学（Stanford University）设施集成工程中心（Center for Integrated Facility Engineering，CIFE）就建设项目使用 BIM 以后有何优势的问题对 32 个使用 BIM 的项目进行了调查研究，得出如下调研结果：

①消除多达 40% 的预算外更改；

②造价估算精确度在 3% 范围内；

③最多可减少 80% 耗费在造价估算上的时间；

④通过冲突检测可节省多达 10% 的合同价格；

⑤项目工期缩短 7%。

增加经济效益的重要原因就是应用了 BIM 后在工程中减少了各种错误，缩短了项目工期。

据美国 Autodesk 公司的统计，利用 BIM 技术可改善项目产出和团队合作 79%，3D 可视化沟通更加方便，提高企业竞争力 66%，减少 50% –70% 的信息请求，缩短 5% –10% 的施工周期，减少 20% –25% 的各专业协调时间。

在国家电网上海救灾中心的建设过程中，由于采用了 BIM 技术，在施工前通过 BIM 模型发现并消除的碰撞错误有 2014 个，避免因设备、管线拆改造成的预计损失约 363 万元，同时节省了工程管理费用约 105 万元。

在我国北京的世界金融中心项目中，负责建设该项目的香港恒基公司通过应用 BIM 发现了 7753 个错误，及时改正后挽回超过 1000 万元的损失，并避免了 3

个月的返工期。

在建筑工程项目中应用 BIM 以后增加经济效益、缩短工期的例子还有很多。建筑业在应用 BIM 以后确实大大改变了其浪费严重、工期拖沓、效率低下的落后面貌。BIM 果然是个好东西。那么，这个 BIM 究竟是什么东西呢？

一、BIM 不同概念的比较

现在，在建筑业内听说过 BIM 的人越来越多了，但是人们对什么是 BIM 并不是都很了解，也曾听到一些诸如"BIM 是一种软件""BIM 是建筑数据库""BIM 是 3D 模拟新技术""BIM 是建筑设计的新方法"等的说法。因此，有必要一开始就把 BIM 的概念说清楚。

2002 年，时任美国 Autodesk 公司副总裁菲利普·伯思斯坦（Philip G. Bernstein）首次在世界上提出 Building Information Modeling 这个新的建筑信息技术名词术语，于是它的缩写 BIM 也作为一个新术语应运而生。

其实在术语 BIM 诞生前，计算机的 3D 绘图技术已经日臻完善，建筑信息建模的研究也取得了不少的成果，当时已经可以在计算机上应用参数化技术实现 3D 建模以及将建筑构件的相关信息附加在 3D 模型的构件对象上。在此基础上人们就产生了一种想法：在建筑工程中可以先在计算机上建立一个虚拟的建筑物，这个虚拟建筑物的每一个构件的几何属性、物理属性等各种属性和在实际地点要建的真实建筑物具有一一对应的关系，这个虚拟的建筑物其实就是计算机上附加了建筑物相关信息的建筑 3D 模型，是一个信息化的建筑模型（图 1-1）。这样一来，在建筑工程项目的整个设计和施工过程中都可以利用这个信息化的建筑模型进行工程分析和科学管理，将设计和施工的各种错误消灭在模型阶段，然后才进行真实建筑物的建造，从而使错误的发生降低到最低，保证了工期和工程质量。以上这种想法的本质就是应用 BIM 来实现建筑工程项目的高效、优质、低耗，这个信息化的建筑模型就是后面要介绍的 BIM 模型。

（a）虚拟建筑物（三维 BIM 模型）　　（b）真实建筑物

图 1-1　虚拟建筑物与真实建筑物

以上做法其实可以延续到建筑物的运维阶段，覆盖建筑物的全生命周期。

在术语 BIM 问世后最初的一段时间里，人们对 BIM 的认识还比较肤浅，对它会产生各种各样的认识。随着 BIM 应用的不断扩大、研究的不断深入，人们对 BIM 的认识也不断加深。

2004 年，Autodesk 公司印发了一本官方教材 Building Information Modeling with Autodesk Revit，该教材导言的第一句话就说："BIM 是一个从根本上改变了计算在建筑设计中的作用的过程。"而 BIM 的提出者、Autodesk 公司副总裁伯思斯坦在 2005 年为《信息化建筑设计》一书撰写的序言中是这样介绍 BIM 的，BIM "是对建筑设计和施工的创新。它的特点是为设计和施工中建设项目建立和使用互相协调的、内部一致的及可运算的信息"。仔细阅读关于 BIM 的这两种介绍，我们发现它们都只是涉及 BIM 的特点而没有涉及其本质。以现在的眼光来看，当时对 BIM 的认识还只是初步了解。

人们后来逐渐认识到 BIM 并不是单指 Building Information Modeling，还有 Building Information Model 的含义。2005 年出版的《信息化建筑设计》这本书对 BIM 是这样阐述的："建筑信息模型，是以 3D 技术为基础，集成了建筑工程项目各种相关的工程数据模型，是对该工程项目相关信息详尽的数字化表达。建筑信息模型同时又是一种应用于设计、建造、管理的数字化方法，这种方法支持建筑工程的集成管理环境，可以使建筑工程在整个进程中显著提高效率和大量减少风险。"这里分别从 Building Information Model 和 Building Information Modeling 两个方面对 BIM 进行阐述，阐述的范围比前面所提及的 BIM 含义扩展了。

随后，美国国家建筑科学研究院（National Institute of Building Sciences,

NIBS）的设施信息委员会（Facilities Information Council, FIC）在制定美国 BIM 标准（National Building Information Modeling Standard, NBIMS）的过程中曾不定期在网上给出 BIM 的工作定义（working definition）并向公众征求意见，在 2006 年 2 月给出的工作定义是："一个建筑信息模型，或 BIM，应用前沿的数字技术创建一个对设施所有的物理和功能特性及其相关项目／生命周期信息的可运算的表达，并在设施的拥有人和管理运行人员对设施在整个生命周期的使用和维护中，作为一个信息的储存库。"这个工作定义显然是从 Building Information Model 的角度阐述 BIM 的。

2007 年 4 月，我国的建筑工业行业标准 JG／T198-2007《建筑对象数字化定义（Building Information Model Platform）》颁布。该标准把建筑信息模型（Building Information Model）定义为："建筑信息完整协调的数据组织，便于计算机应用程序进行访问、修改或添加。这些信息包括按照开放工业标准表达的建筑设施的物理和功能特点以及其相关的项目或生命周期信息。"

两个定义虽然表达的文字不尽相同，其内容也有不一致的地方，但是两者都明确 Building Information Model 包括建筑设施的物理特性和功能特性的信息，并覆盖建筑全生命周期。

美国总承包商协会（Associated General Contractors, AGC）通过其编制的《BIM 指南》发布了 AGC 关于建筑信息模型的定义："Building Information Model 是一个数据丰富的、面向对象的、智能化和参数化的关于设施的数字化表示，该视图和数据适合不同用户的需要，从中可以提取和分析所产生的信息，这些信息可用于做出决策和改善设施交付的过程。"AGC 的这个定义，强调了应用 BIM 是要把信息用于做出决策支持和改善设施交付的过程。

2007 年底，NBIMS—US V1（美国国家 BIM 标准第一版）正式颁布，该标准对 Building Information Model（BIM）和 Building Information Modeling（BIM）都给出了定义。其中对前者的定义为："Building Information Model 是设施的物理和功能特性的一种数字化表达。因此，它从设施的生命周期开始就作为其形成可靠的决策基础信息的共享知识资源。"该定义比前述的几个定义更加简洁，强调了 Building Information Model 是一种数字化表达，是支持决策的共享知识资源。而对后者的定义为："Building Information Modeling 是一个建立设施电子模型的行为，其目标为可视化、工程分析、冲突分析、规范标准检查、工程造价、竣工的产品、预算编制和许多其他用途。"该定义明确了 Building Information Modeling 是一个建立电子模型的行为,其目标具有多样性。

NBIMS-US V1 对 Building Information Model 和 Building Information Modeling 给出的定义简明、准确,得到建筑业界的认同。请注意在这两个定义中,都用到 facility(设施)这个词,这意味着 BIM 的适用范围已超越了单纯的 building(建筑物)了,可以包含像桥梁、码头、运动场这样的设施。

在 NBIMS-US V1 颁布之后,陆陆续续有不少国家也颁布了有关 BIM 的规范或技术标准,例如,英国颁布的 AEC(UK)BIM Standard((联合王国)建筑业 BIM 标准)、新加坡颁布的 Singapore BIM Guide(新加坡 BIM 指南)等,这些文件都给出了 BIM 的定义,尽管其定义的文字有所不同,但其含义都没有超出 NBIMS 所定义的范围。

值得注意的是,NBIMS-US V1 的前言中关于 BIM 有一段精彩的论述:"BIM 代表新的概念和实践,它通过创新的信息技术和业务结构,将大大消除在建筑行业的各种形式的浪费和低效率。无论是用来指一个产品——Building Information Model(描述一个建筑物的结构化的数据集),还是一个活动——Building Information Modeling(创建建筑信息模型的行为),或者是一个系统——Building Information Management(提高质量和效率的工作以及通信的业务结构),BIM 是一个减少行业废料、为行业产品增值、减少环境破坏、提高居住者使用性能的关键因素。"

NBIMS-US V1 关于 BIM 的上述论述引发了国际学术界的思考,国际上关于 BIM 最权威的机构是 BSI,其网站上有一篇题为《用开放的 BIM 不断发展 BIM》(*The BIM Evolution Continues with OPEN BIM*)的文章,该文也发表了类似的观点,这篇文章对"什么是 BIM"是这样论述的:BIM 是一个缩写,代表三个独立但相互联系的功能:

Building Information Modelling:是一个在建筑物生命周期内设计、建造和运营中产生和利用建筑数据的业务过程。BIM 让所有利益相关者有机会通过技术平台之间的互用性同时获得同样的信息。

Building Information Model:是设施的物理和功能特性的数字化表达。因此,它作为设施信息共享的知识资源,在其生命周期中从开始就为决策提供了可靠的依据。

Building Information Management：是在整个资产生命周期中，利用数字原型中的信息实现信息共享的业务流程的组织与控制。其优点包括集中的、可视化的通信，多个选择的早期探索，可持续发展的、高效的设计，学科整合，现场控制，竣工文档等——使资产的生命周期过程与模型从概念到最终退出都得到有效的发展。

从以上论述可以看出，BIM 的含义比起它问世时已大大拓展，它既是 Building Information Modeling， 同 时 也 是 Building Information Model 和 Building Information Management。结合前面有关 BIM 的各种定义以及 NBIMS—US V1 和 BSI 这两段论述，我们可以认为，BIM 的含义应当包括以下三个方面：

（1）BIM 是设施所有信息的数字化表达，是一个可以作为设施虚拟替代物的信息化电子模型，是共享信息的资源，即 Building Information Model。在本书下文中，将把 Building Information Model 称为 BIM 模型。

（2）BIM 是在开放标准和互用性基础之上建立、完善和利用设施的信息化电子模型的行为过程，设施有关的各方可以根据各自职责对模型插入、提取、更新和修改信息，以支持设施的各种需要，即 Building Information Modeling，称为 BIM 建模。

（3）BIM 是一个透明的、可重复的、可核查的、可持续的协同工作环境，在这个环境中，各参与方在设施全生命周期中都可以及时沟通，共享项目信息，并通过分析信息，做出决策和改善设施的交付过程，使项目得到有效的管理。也就是 Building Information Management，称为建筑信息管理。

在以上的三点中，第一点是后面两点的基础，因为第一点提供了共享信息的资源，有了资源才有发展到第二点和第三点的基础；而第三点则是实现第二点的保障，如果没有一个实现有效工作和管理的环境，各参与方的通信联络以及各自负责对模型的维护、更新工作将得不到保障。而这三点中最为主要的部分就是第二点，它是一个不断应用信息完善模型、在设施全生命周期中不断应用信息的行为过程，最能体现 BIM 的核心价值。但是不管哪一点，在 BIM 中最核心的东西就是"信息"，正是这些信息把三个部分有机地联系在一起，成为一个 BIM 的整体。如果没有了信息，也就不会有 BIM。

清华大学张建平教授也发表过相似的观点。她认为 BIM 由三方面构成：即产品模型，过程模型，决策模型。

①产品模型：指建筑组件和空间与非空间的关系，包括两个方面内容，一是空间信息，如建筑构件的空间位置、大小、形状以及相互关系等；二是非空间信息，如建筑结构类型、施工方、材料属性、荷载属性、建筑用途等。

②过程模型：指建筑物运行的动态模型与建筑组件的相互作用，不同程度地影响建筑组件在不同时间阶段的属性，甚至会影响建筑成分本身的存在。

③决策模型：指人类行为对建筑模型与过程模型所产生的直接和间接作用的数值模型。BIM 不全等于或不等于 3D 模型的信息，因为没有描写它的过程，只是产品模型。

二、狭义 BIM 和广义 BIM

有一种说法，在项目某一个工序阶段应用 BIM，这时的 BIM 是狭义的 BIM；如果把 BIM 应用于建设项目的全生命周期，那就称为广义 BIM。

2002 年时任 Autodesk 公司副总裁的菲利普·伯恩斯坦初次提出 BIM 时认为 BIM 就是 Building Information Modeling，当时他认为 BIM 只是主要应用在建筑设计上，可以看出当时人们对 BIM 的认识还比较初步。当时除了对 BIM 的认识比较初步外，在应用上也比较粗浅，主要是在建设项目中某一个阶段甚至某一个工序上孤立地应用，例如用于建筑设计、碰撞检测等。因此从这个意义上来说，当时人们对 BIM 的认识还比较局限，是狭义的 BIM。

现在 BIM 的含义已经大大扩展，如同前面所介绍的那样，BIM 包含三大方面的内容，其中一个方面就是建筑项目管理。把 BIM 扩展到整个项目生命周期的运行管理，包括设计管理、施工管理、运营维护管理，确实使 BIM 的价值得到了巨大提升。BIM 不仅在跨越全生命周期这个纵向上得到充分应用，而且在应用范围这个横向上也得到广泛应用，也许从这个范围来理解 BIM 的广义性会更合适一些。

BIM 还在不断发展之中，BIM 的应用范围也许更宽泛一些，广义 BIM 所覆盖的内容也许更多一些。

现在 BIM 的应用已经超越了建设对象是单纯建筑物的局限，越来越多地应用于桥梁工程、水利工程、城市规划、市政工程、风景园林建设等多个方面，由此可见，BIM 的应用范围越来越广。

NBIMS—US V1 中的信息等级关系给出了 BIM 的适用范围，包含三种类型的设施或建造项目（Facility/Built）：

(1) Building，即建筑物，如一般办公楼房、住宅建筑等；

(2) Structure，即构筑物，如水闸、水坝、厂房等；

(3) Linear Structure，即线性形态的基础设施，如道路、桥梁、铁道、隧道、管道等。

从上可以看出，现在 BIM 的覆盖范围大大超出了一般专业规范所覆盖的范围，也说明 BIM 得到了越来越多其他专业人士的认同，BIM 的应用领域越来越宽。

值得注意的是，BIM 的应用已经开始结合地理信息系统（Geographic Information System，GIS）了，两者的结合已经成为 BIM 应用研究的新课题。BIM 原本定义的信息就是建筑内部的信息，但是随着应用的发展，现在也需要一些建筑外部空间的信息以支持多种类型的应用分析，例如结构设计需要地质资料信息，节能设计需要气象资料信息，而这些在地球表层（包括大气层）空间中与地理分布有关的数据都可以借助 GIS 获得。反过来，通过 BIM 和 GIS 的集成，BIM 可以给 GIS 环境带来更多的信息，从而扩展 GIS 的应用，提升 GIS 的应用水平。因此 BIM 和 GIS 的结合是一种发展趋势（图1-2）。

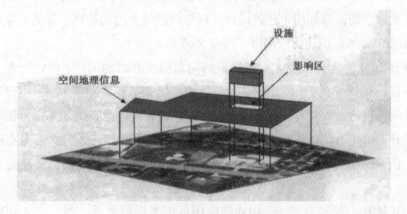

图 1-2　BIM 与 GIS 的关系

随着智能建筑、智慧城市的发展，由于牵涉到设备、构件在设施内的定位，物联网（the Internet of Things，IOT）与 BIM 的结合越来越密切，除了在设施的施工阶段可以应用物联网管理预制构件外，物联网更大的应用是在设施的安装与运营阶段。因此，BIM 与物联网的结合是 BIM 应用发展的又一个方向。可以想象，BIM 与 GIS 以及物联网的结合将为智慧城市的发展开辟广阔的前景。

随着数字技术的广泛应用，也许还有更多新的 BIM 应用领域有待于我们去发现和开拓。从这个意义上说，这是更为广义的 BIM。

三、BIM 模型的架构

前面已经提及，BIM 模型（Building Information Model）是设施所有信息的数字化表达，是一个可以作为设施虚拟替代物的信息化电子模型，是共享信息的资源，也是 Building Information Modeling 和 Building Information Management 的基础。下面就具体分析一下 BIM 模型的架构。

人们常常以为 BIM 模型是个单一模型。在 BIM 问世之初，确实曾经有人认为 BIM 模型是个单一模型，但是随着 BIM 应用的不断深入发展，人们对 BIM 的认识也在不断加深，对 BIM 模型的架构也有了新的认识。

如果只是从认知层面上理解，确实可以认为 BIM 模型只是一个模型。但到了实际的操作层面，由于项目所处的阶段不同、专业分工不同、实现目标不同等多种原因，项目的不同参与方还必须拥有各自的模型，例如场地模型、建筑模型、结构模型、设备模型、施工模型、竣工模型等。这些模型是从属于项目总体模型的子模型，但规模比项目的总体模型要小。在实际的操作中，这样有利于不同目标的实现。

那么，众多的子模型又是如何构成呢？如上所说，这些子模型是从属于项目总体模型的，它们由于各自所处的阶段不同、专业分工不同而形成了不同的子模型，例如机电子模型、给排水子模型等。但不管哪个子模型都是在同一个基础模型上行成的，这个基础模型包括了这座建筑物最基本的架构：场地的地理坐标与范围、柱、梁、楼板、墙体、楼层、建筑空间……而专业的子模型就是在基础模型上添加各自的专业构件而形成的，这里专业子模型与基础模型的关系就相相当于引用与被引用的关系，基础模型的所有信息被各个子模型共享。

有人认为，建筑子模型与基础模型是一回事，但实际上是有区别的。

柱、梁、楼板、墙体、楼层、建筑空间也是建筑子模型，这些元素作为基础模型的元素被建筑子模型所引用，也成为了建筑子模型的一部分。建筑子模型还有它专有的组成元素，如门、窗、扶手、顶棚、遮阳板等。同样，基础模型的柱、梁、楼板、墙体、楼层、建筑空间等也被给排水子模型所引用，它们就成为了给排水子模型的一部分。但是给排水子模型还有它专有的组成元素，如管道、管道连接件、管道支架、水泵等。所以，BIM 模型的架构其实有四个层次，最顶层是子模型层，接着是专业构件层，再往下是基础模型层，最底层则是数据信息层。

BIM 模型中各层应包括的元素如下：

1. 子模型层包括按照项目全生命周期中的不同创建阶段的子模型，也包括按照专业分工建立专业的子模型；

2. 专业构件层应包含每个专业特有的构件元素及其属性信息，如结构专业的基础构件、给排水专业的管道构件等；

3. 基础模型层应包括基础模型的共享构件、空间结构划分（如场地、楼层）、相关属性、相关过程（如任务过程、事件过程）、关联关系（如构件连接的关联关系、信息的关联关系）等元素，这里所表达的是项目的基本信息、各子模型的共性信息以及各子模型之间的关联关系；

4. 数据信息层应包括描述几何、材料、价格、时间、责任人、物理、技术标准等信息所需的基本数据。

这四层全部综合成为项目的 BIM 模型。

以上从认知层面、操作层面分析了 BIM 模型的架构，其实还可以从逻辑的层面来对 BIM 模型的结构。

如果从逻辑层面进行划分，BIM 的模型架构其实还是一个包含数据模型和行为模型的复合结构。其行为模型支持创建建筑信息模型的行为，支持设施的集成管理环境，支持各种模拟和仿真行为。正因为如此，BIM 能够支持日照模拟、自然通风模拟、紧急疏散模拟、施工计划模拟等各种模拟，使得 BIM 具有良好的模拟性能。

四、BIM 技术

（一）BIM技术的概念

什么是 BIM 技术？从 BIM 的定义出发，可以得出如下关于 BIM 技术的描述。BIM 技术是一项应用于设施全生命周期的 3D 数字化技术，它以一个贯穿其生命周期都通用的数据格式，创建、收集该设施所有相关的信息并建立起信息协调的信息化模型作为项目决策的基础和共享信息的资源。

这里有一个关键词"一个贯穿其生命周期都通用的数据格式"，为什么这是关键？因为应用 BIM 想解决的问题之一就是在设施全生命周期中，希望所有与设施有关的信息只需要一次输入，然后通过信息的流动将其应用到设施全生命周期的各个阶段。信息的多次重复输入不但耗费大量人力、物力、成本，而且增加了出错的机会。如果只需要一次输入，又面临如下问题：设施的全生命周期要经历前期策划、设计、施工、运营等多个阶段，每个阶段又分为不同专业的多项不同工作(例如，设计阶段可分为建筑创作、结构设计、节能设计等多项；施工阶段也可分为场地使用规划、施工进度模拟、数字化建造等多项)。每项工作使用的软件都不相同，这些不同品牌、不同用途的软件都需要从 BIM 模型中提取源信息进行计算、分析，给下一阶段计算、分析提供决策数据，这就需要一种在设施全生命周期各种软件都通用的数据格式以方便信息的储存、共享、应用和流动。什么样的数据格式能够当此大任？

这种数据格式就是在本书后面要介绍到的 IFC（Industry Foundation Classes，工业基础类）标准的格式，目前 IFC 标准的数据格式已经成为全球不同品牌、不同专业的建筑工程软件之间创建数据交换的标准数据格式。

世界著名的工程软件开发商如Autodesk、Bentley、Graphisoft、Gehry Technologies、Tekla等为了保证其软件所配置的IFC格式的正确性，并能够与其他品牌的软件通过IFC格式正确地交换数据，它们都把其开发的软件送到bSI进行IFC认证。一般认为，软件通过了bsI的IFC认证标志着该软件产品真正采用了BIM技术。

（二）BIM技术的特点

从 BIM 的概念、BIM 技术的概念出发，得出了 BIM 技术的四个特点：

1.操作的可视化

可视化是 BIM 技术最显而易见的特点。BIM 技术的一切操作都是在可视化的环境下完成的，在可视化环境下进行建筑设计、碰撞检测、施工模拟、避灾路线分析等一系列的操作。

而传统的 CAD 技术，只能提交 2D 的图纸。为了使不懂得看建筑专业图纸的业主和用户看得明白，就需要委托效果图公司出一些 3D 的效果图，达到较为容易理解的可视化目的。如果一两张效果图难以表达清楚，就需要委托模型公司做一些实体的建筑模型。虽然效果图和实体的建筑模型提供了可视化的视觉效果，但这种可视化手段仅仅局限于展示设计的效果，不能进行节能模拟、碰撞检测、施工仿真，也就是说不能帮助项目团队进行工程分析以提高整个工程的质量，那么这种只能用于展示的可视化手段对整个工程究并没有太大意义，主要是因为这些传统方法缺乏信息的支持。

现在建筑物的规模越来越大，空间划分越来越复杂，人们对建筑物功能的要求也越来越高。面对这些问题，如果没有可视化手段，单依靠设计师的脑袋记忆、分析是不可能的，许多问题在项目团队中也不一定能够清晰地交流，就更不要说深入地分析以寻求合理的解决方案了。BIM 技术的出现为实现可视化操作开辟了广阔的前景，其附带的构件信息（几何信息、关联信息、技术信息等）为可视化操作提供了有力的支持，不仅使一些比较抽象的信息（如应力、温度、热舒适性）可以用可视化方式表达出来，还可以将设施建设过程及各种相互关系动态地表现出来。可视化操作作为项目团队进行的一系列分析提供了方便，有利于提高生产效率、降低生产成本和提高工程质量。

2. 信息的完备性

BIM 是设施的物理和功能特性的数字化表达，包含设施的所有信息，BIM 的定义就体现了信息的完备性。BIM 模型包含了设施的全面信息，除了对设施进行3D 几何信息和拓扑关系的描述外，还包括对完整的工程信息的描述。如对象名称、结构类型、建筑材料、工程性能等设计信息；施工工序、进度、成本、质量以及人力、机械、材料资源等施工信息；工程安全性能、材料耐久性能等维护信息；对象之间的工程逻辑关系等。

信息的完备性还体现在 Building Information Modeling 这一创建建筑信息模型行为的过程中，在这个过程中，设施的前期策划、设计、施工、运营维护各个阶段被连接在一起，把各阶段产生的信息都存储在 BIM 模型中，使得 BIM 模型的信息来自单一的工程数据源，包含设施的所有信息。BIM 模型内的所有信息均以数字化形式保存在数据库中，以便更新和共享。

信息的完备性使得 BIM 模型具有良好的基础条件，支持可视化操作、优化分析、模拟仿真等功能，为在可视化条件下进行各种优化分析（体量分析、空间分析、采光分析、能耗分析、成本分析等）和模拟仿真（碰撞检测、虚拟施工、紧急疏散模拟等）提供了方便的条件。

3. 信息的协调性

协调性体现在两个方面：一是在数据之间创建实时的、一致性的关联，对数据库中数据的任何更改，都马上可以在其他关联的地方反映出来；二是在各构件实体之间实现关联显示、智能互动。

　　信息的协调性对设计师来说，设计建立起的信息化建筑模型就是设计的成果，至于各种平、立、剖 2D 图纸以及门窗表等图表都可以根据模型随时生成。这些源于同一数字化模型的所有图纸、图表均相互关联，避免了使用 2D 绘图软件画图时出现的不一致现象。在任何视图（平面图、立面图、剖视图）上对模型的任何修改，都被视为对数据库的修改，会马上在其他视图或图表上关联的地方反映出来，而且这种关联变化是实时的，这样就保持了 BIM 模型的完整性和健壮性。在实际生产中就大大提高了项目的工作效率，消除了不同视图之间的不一致现象，保证了项目的工程质量。

　　这种关联变化还表现在各构件实体之间可以实现关联显示、智能互动。例如，模型中的屋顶是和墙相连的，如果要把屋顶升高，墙的高度就会随即变高。又如，门窗都是开在墙上的，如果把模型中的墙平移，墙上的门窗也会同时平移，如果把模型中的墙删除，墙上的门窗马上也被删除，而不会出现墙被 BIM 删除而窗还悬在半空的不协调现象。这种关联显示、智能互动表明了 BIM 技术能够支持对模型的信息进行计算和分析，并生成相应的图形及文档。信息的协调性使得 BIM 模型中各个构件之间具有良好的协调性。

　　这种协调性为建设工程带来了极大的便利，例如，在设计阶段，不同专业的设计人员可以通过应用 BIM 技术发现彼此不协调甚至引起冲突的地方，及早修正设计，避免造成返工与浪费；在施工阶段，可以通过应用 BIM 技术合理地安排施工计划，保证整个施工阶段衔接紧密、合理，使施工能够高效地进行。

　　4. 信息的互用性（Interoperability）

　　应用 BIM 可以实现信息的互用性，充分保证了信息传输与交换前后的一致性。

　　具体来说，实现互用性就是 BIM 模型中所有数据只需要一次性采集或输入，就可以在整个设施的全生命周期中实现信息的共享、交换与流动，使 BIM 模型能够自动演化，避免了信息不一致的错误。在建设项目不同阶段避免对数据的重复输入，可以大大降低成本、节省时间、减少错误、提高效率。

　　这一点也表明 BIM 技术提供了良好的信息共享环境。BIM 技术的应用不能因为项目参与方使用不同专业或者不同品牌的软件而产生信息交流的障碍，更不能在信息的交流过程中发生损耗，导致部分信息的丢失，而应保证信息自始至终的一致性。

实现互用性最主要的一点就是 BIM 支持 IFC 标准。另外,为方便模型通过网络进行传输,BIM 技术也支持 XML(Extensible Markup Language,可扩展标记语言)。

正是 BIM 技术这四个特点大大改变了传统建筑业的生产模式,BIM 模型的应用使建筑项目的信息在其全生命周期中实现无障碍共享,无损耗传递,为建筑项目全生命周期中的所有决策及生产活动提供可靠的信息基础。BIM 技术较好地解决了建筑全生命周期中多工种、多阶段的信息共享问题,使整个工程的成本大大降低、质量和效率显著提高,为传统建筑业在信息时代的发展展现了光明的前景。

(三)哪些技术不属于BIM技术

目前,BIM 在工程软件界中是一个非常热门的概念,许多软件开发商都声称自己开发的软件采用了 BIM 技术。由于很多人对什么是 BIM,什么是 BIM 技术存在模糊的认识,使不少软件的用户也就相信开发商的话,认为他们已经使用了BIM 技术。

到底这些软件是不是使用了 BIM 技术呢?

对 BIM 技术进行过非常深入研究的伊斯曼教授等在《BIM 手册》中列举了以下四种不属于 BIM 技术的建模技术:

1. 只包含 3D 数据而没有(或很少)对象属性的模型

这些模型确实可用于图形可视化,但在对象级别并不具备智能。它们的可视化做得较好,但只有很少一部分支持数据集成和设计分析,甚至有的不支持。例如,现在非常流行的 SketchUp,它在快速设计造型上显得很优秀,但在任何其他类型的分析应用方面非常有限,这是因为在它的建模过程中没有知识的注入,只是一个信息不完备的模型,而不是利用 BIM 技术建立的模型。它的模型只能算是可视化的 3D 模型而不是包含丰富的属性信息的信息化模型。

2. 不支持行为的模型

这些模型定义了对象,但因为它们没有使用参数化的智能设计,所以不能调节其位置或比例。这就需要大量的人力进行调整,导致其创建出不一致或不准确的模型视图。

前面已经介绍过,BIM 的模型架构是一个包含数据模型和行为模型的复合结构。其行为模型支持集成管理环境、支持各种模拟和仿真的行为。在支持这些行为时，需要进行数据共享与交换。不支持行为的模型，其模型信息不具有互用性，无法进行数据共享与交换，不属于利用 BIM 技术建立的模型。因此，这种建模技术难以支持各种模拟行为。

3. 由多个定义建筑物的 2D 的 CAD 参考文件组成的模型

由于该模型的组成基础是 2D 图形，这就不可能确保所得到的 3D 模型是一个切实可行的、协调一致的、可计算的模型，因此该模型所包含的对象也不可能实现关联显示、智能互动。

4. 在一个视图上更改尺寸而不会自动反映在其他视图上的模型

这说明了该视图与模型欠缺关联，也反映了模型里面的信息协调性差，这就使模型中的错误非常难以发现。一个信息协调性差的模型，就不能算是 BIM 技术建立的模型。

目前确有一些号称应用 BIM 技术的软件使用了上述不属于 BIM 技术的建模技术，这些软件能满足某个阶段计算和分析的需要，但由于其本身的缺陷，可能会导致某些信息的丢失从而影响信息的共享、交换和流动，难以支持在设施全生命周期中的应用。

五、BIM 在建筑业中的地位

（一）BIM 技术已成为建筑业的主流技术

下面将从 BIM 技术应用的广度和深度两方面来分析来说明 BIM 技术已成为建筑业的主流技术。

BIM 技术目前已经在建筑工程项目的多个方面得到广泛的应用（图 1-3）。

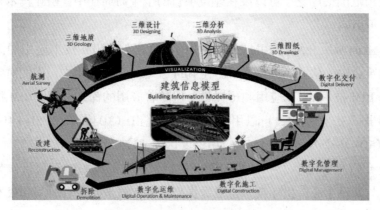

图 1-3　BIM 技术在建筑工程项目多个方面的应用

其实图 1-3 并未完全反映 BIM 技术在建筑工程实践中的应用范围，美国宾夕法尼亚州立大学的计算机集成化施工研究组（The Computer Integrated Construction Research Program of the Pennsylvania State University）发表的《BIM 项目实施计划指南》(*BIM Project Execution Planning Guide*（第二版）)中，总结了 BIM 技术在美国建筑市场上常见的 25 种应用。这 25 种应用跨越了建筑项目全生命周期的四个阶段，即规划阶段（项目前期策划阶段）、设计阶段、施工阶段、运营阶段。迄今为止，还没有哪一项技术像 BIM 技术那样可以覆盖建筑项目全生命周期的。本书将在第 2 章对 BIM 技术在美国建筑市场上常见的应用做进一步介绍。

BIM 技术应用的广度还体现在不只是房屋建筑在应用 BIM 技术，各种类型的基础设施建设项目也越来越多地在应用 BIM 技术。前面已经介绍过 BIM 技术在各种类型工程的应用，包括桥梁工程、水利工程、铁路交通、机场建设、市政工程、风景园林建设等各类工程建设中都可以找到 BIM 技术应用的范例，其应用范围也在不断扩大。

BIM 技术应用的广度还包括应用 BIM 技术的人群相当广泛。虽然各类基础设施建设的从业人员是 BIM 技术的直接使用者，但是也有许多建筑业以外的人员也需要应用 BIM 技术。在 NBIMS-US V1 的第二章中，列出了与 BIM 技术应用有关的 29 类人员，其中有业主、设计师、工程师、承包商、分包商这些和工程项目有直接关系的人员，也有房地产经纪、房屋估价师、贷款抵押银行、律师等服务类的人员，还有法规执行检查、环保、安全与职业健康等政府机构的人员，以及废物处理回收商、抢险救援人员等其他行业相关的人员。由此可以看出，BIM 技术的应用范围很广泛。可以说在建设项目的全生命周期中，BIM 技术是无处不在、无人不用的。

除了上面所所介绍的 BIM 技术应用的广度之外，BIM 技术应用的深度已经日渐被建筑业内的从业人员所了解。在 BIM 技术的早期应用中，人们对它了解得最多的是 BIM 技术的 3D 应用和可视化。但随着应用的深入发展，BIM 技术的能力远远超出了 3D 的范围，可以用 BIM 技术实现 4D（3D+ 时间）、5D（4D+ 成本）、甚至 nD（5D+ 各个方面的分析），应用深度达到了较高的水平。

以上介绍充分说明了 BIM 模型已经被越来越多的设施建设项目作为建筑信息的载体与共享中心，BIM 技术也成为提高效率和质量、节省时间和成本的强大工具。一句话，BIM 技术已经成为建筑业中的主流技术。

（二）BIM模型成为设施建设项目中共同协作平台的核心

以前建筑工程项目为什么会出现设计错误，进而造成返工、工期延误、效率低下、造价上升等问题？其中一个重要的原因就是信息流通不畅和信息孤岛的存在。

随着建筑工程的规模日益扩大，建筑师要承担的设计任务越来越繁重，不同专业的相关人员进行信息交流也越来越频繁，这样才能够在信息充分交换的基础上搞好设计。因此，基于 BIM 模型建立建筑项目协同工作平台（图1-4）有利于信息的充分交流和不同参与方的协商，还可以改变信息交流中的无序现象，实现了信息交流的集中管理与信息共享。

应用协同工作平台可以显著减少设计图中的缺漏差错现象，并且加强了设计过程的信息管理和设计过程的控制，有利于在过程中控制图纸的设计质量，加强了设计进程的监督，确保了交图的时限。

设施建设项目协同工作平台的应用覆盖从建筑设计阶段到建筑施工、运行维护整个建筑全生命周期。由于建筑设计质量在应用了协同工作平台后显著提高，施工方按照设计执行建造就减少了返工现象，从而保证了建筑工程的质量、缩短了工期。施工方还可以在这个平台上对各工种的施工计划安排进行协商，做到各工序衔接紧密，消除怠工现象。施工方在这个平台上通过与供应商协同工作，让供应商充分了解建筑材料使用计划，做到准时按质按量供货，减少了材料的积压和浪费。

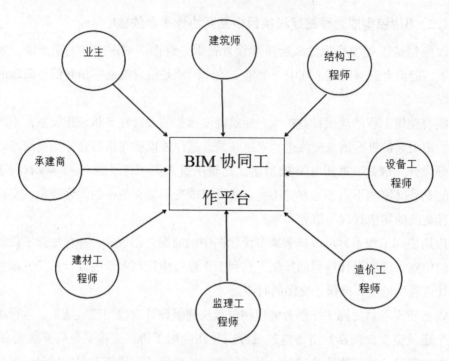

图 1-4　基于 BIM 的建筑项目协同工作平台

这个平台还可以在建筑物的运营维护期使用，充分利用平台的设计和施工资料对房屋进行维护，直至建筑全生命周期的结束。

（三）BIM 已成为主导建筑业进行大变革的推动力

在推广 BIM 的过程中，我们发现原有建筑业实行了多年的一整套工作方式和管理模式已经不能适应建筑业信息化发展的需要。这些陈旧的组织形式、作业方式和管理模式立足于传统的信息表达与交流方式，所用的工程信息都是用 2D图纸和文字表达的，采用纸质文件、电话、传真等方式进行，同一信息需要多次输入，信息交换缓慢，影响了决策、设计和施工的进行信息交流。这些有悖于信息时代的工作方式已经严重阻碍了建筑业的发展，使建筑业长期处于返工率高、生产效率低、生产成本高的状态，更是 BIM 应用发展的阻力。因此，非常有必要在推广应用 BIM 的过程中对建筑业进行一次大的变革，建立适应信息时代发展以及 BIM 应用需要的新秩序。

显然，BIM 的应用已经涉及传统建筑业许多深层次的东西，包括工作模式、管理方式、团队结构、协作形式、交付方式等方方面面，这些方面不实行变革，将会阻碍 BIM 的深入应用和整个建筑业的进步。随着 BIM 应用的逐步深入，建筑业的传统架构将被打破，一种新的架构将取而代之。BIM 的应用完全突破了技术范畴，已经成为主导建筑业进行大变革的推动力。

（四）推广 BIM 应用已成为各国政府提升建筑业发展水平的重要战略

随着这几年各国对 BIM 的不断推广与应用，BIM 在建筑业中的地位越来越重要，BIM 已经从一个技术名词变成了在建筑业各个领域中无处不在，成为提高建筑业劳动生产率和建设质量，缩短工期和节省成本的利器。从各国政府发展经济战略的层面来说，BIM 已经成为提升建筑业生产力的主要导向，是开创建筑业持续发展新里程的理论与技术。因此，各国政府陆续颁布各种政策文件、制定相关的 BIM 标准来推动 BIM 在各国建筑业中的应用发展，提升建筑业的发展水平。可以预料，建筑业在 BIM 的推广和应用中会变得越来越强大。

（五）BIM 成为我国实现建筑业信息化的强大推动力

我国建筑业自改革开放以来就大力推广信息技术的应用，20 世纪 90 年代全国轰轰烈烈的"甩掉图板搞设计"的行动，至今仍历历在目。但是一直以来，信息技术都只是在建筑企业不同部门或者不同专业间独立应用，彼此之间的资源和信息缺乏综合的、系统的分析和利用，形成了很多"信息孤岛"。有由于企业机构的层次多，造成横向沟通困难，信息传递失真，造成整个企业的信息技术应用水平低下。虽然都使用了信息技术，但效率并没有得到有效提高。由此看出，消除"信息孤岛"，强化信息的交流与共享，通过对信息的综合应用做出正确的决策，是提高建筑企业信息应用水平和经营水平的关键。多年以来，我国在实现建筑企业信息化的过程中进行了许多探索和努力，最终发现 BIM 是实现建筑企业信息化最为合适的载体和关键技术，大力发展 BIM 的应用，就会推动我国建筑企业信息化迈向一个更新、更高的层次。

在最近十几年中，我国建筑业经历了从对 BIM 从初步了解到走向应用的过程，特别在近几年对 BIM 的应用越来越重视，应用的力度不断加大。在初期，只有一少部分设计人员应用 BIM 技术去设计，后来设计、施工都在逐渐应用 BIM 技术，已经有少数项目在运营阶段也尝试应用 BIM 技术。成功应用 BIM 技术的案例日渐增多，特别是一些具有影响力的大型项目，例如上海中心、青岛海湾大桥、广州东塔等在 BIM 技术应用中取得的成绩，为其他项目应用 BIM 技术做出了示范。应用 BIM 技术所带来的好处正在被国内越来越多的建筑从业人员所了解。

2012年1月，住建部正式启动了中国BIM标准的制定工作，其中包含五项有关BIM的工程建设国家标准：《建筑工程信息模型应用统一标准》《建筑工程信息模型存储标准》《建筑工程设计信息模型交付标准》《建筑工程设计信息模型分类和编码标准》《制造工业工程设计信息模型应用标准》，这些标准在颁布后将会有力地指导和规范BIM的应用。

政府对 BIM 应用的重视以及有关国家标准编制工作的启动预示着我国建筑业在"十三五"期间 BIM 的应用会有迅猛的发展。2011~2020 年间，我国的 BIM 应用将呈现大推广、大发展的局面。正如前面所介绍的那样，随着 BIM 应用的深入，建筑业的传统架构将被一种适应 BIM 应用的新架构所取代，BIM 已经成为主导建筑业进行大变革，提升建筑业生产力的强大推动力。我国各建筑企业应当抓住这一机遇，通过 BIM 的推广和应用，把企业的发展推向一个新的高度。

六、BIM 应用的评估

在 BIM 技术的应用中，其中有一些项目，BIM 技术应用的覆盖面比较大，也有一些项目只是在某一个工序上应用了 BIM 技术。这些项目都标榜自己应用了 BIM 技术，究竟该如何判断一个项目是否是一个 BIM 技术项目呢？特别是在当前建筑市场的激烈竞争中，不少建筑公司都会以"掌握 BIM 技术"作为招牌争取客户，客户亟需有一个客观的评估标准来评估建筑公司应用 BIM 技术的水平。

再从另一个角度讲，有些用户已经在几个项目上应用 BIM 技术了，但总觉得应用水平没有显著提高，他们很想找出提高水平的努力方向。那么有什么办法可以为用户的应用水平进行评估，在评估的基础上找出存在的问题和改进的方向呢？

对 BIM 应用的评估方法的研究正在发展之中，出现了一些定位不同、策略不同的评估方法，其中有的评估方法比较简单。在这里介绍的是 NBIMS 采用的评估方法。

（一）NBIMS提出的最低BIM的概念

针对 BIM 应用如何评估的问题，NBIMS 提出了最低 BIM（Minimum BIM）的概念。

最低 BIM 是一个衡量 BIM 应用是否达到最低水平的标志。至于如何衡量 BIM 的应用水平，NBIMS 同时也提出了 BIM 能力成熟度模型（BIM Capability Maturity Model，BIM CMM）。用户可应用 BIM CMM 评价 BIM 的实施水平与改进范围。

（二）CMU提出的能力成熟度模型的概念

BIM CMM 其实是在能力成熟度模型（Capability Maturity Model，CMM）的影响下出现的。CMM 的起源应当追溯到 1986 年，美国国防部为降低计算机软件的采购风险，委托卡耐基梅隆大学（Carnegier-Mellon University，CMU）的软件工程研究所（Software Engineering Institute，SEI）对软件承包商的能力评价问题研究"过程成熟度框架"，制定软件过程改进、评估模型。CMU SEI 于 1991 年正式推出软件能力成熟度模型（Capability Maturity Model for Software，CMM）1.0 版。CMM 定义了过程成熟度的五个级别：初始级、可重复级、已定义级、已管理级、优化级，通过基于软件过程每一个成熟度级别内容，检验其实践活动，并针对待定需要建立过程改进的优先次序，是一套针对软件过程的管理、评估和改进的模式和方法。

CMM 作为一种评估工具，在两个方面有着广泛应用：一是对软件过程能力成熟度的评估，包括客户进行的评估以及企业的自我评估；二是企业在评估的基础上，对自身软件过程进行改进，逐步提高软件过程的能力成熟度。

CMM 的核心是过程持续改进的系统化方法，指出了一个软件企业逐步形成一个成熟的、有规律的软件过程所必经的途径，为组织软件过程的改进提出了一个循序渐进的、稳步发展的模式。CMM 自推出以来得到了广泛应用，成为衡量软件公司软件开发管理水平的重要参考和软件过程改进事实上的工业标准。

虽然 CMM 诞生于软件工程行业，但在其影响下也有不少行业展开了本行业领域内的能力成熟度模型研究。到目前为止，国际上已经被企业和组织使用的项目管理成熟度模型有 30 多种。

（三）NBIMS提出的BIM能力成熟度模型

前面提及最低 BIM 是衡量 BIM 应用是否达到最低水平的标志。一个项目应用 BIM 水平的高低，是否能达到最低 BIM 的水平，应该由 NBIMS 参照 CMM 的评估体系而提出的 BIM CMM 进行评估。

在 BIM CMM 的评价体系中，NBIMS 采用了 11 个评价指标。下面对这 11 个指标的含义进行简单的介绍：

1. 数据丰富度（Data Richness）

BIM 模型作为建筑的物理特性和功能特性的数字化表达，是建筑的信息共享的知识资源，也是其生命周期中进行相关决策的可靠依据。BIM 模型使最初那些彼此并无关联的数据，整合为具有极高应用价值的信息模型，实现了数据的丰富度和完整性，足以满足各种分析的需要。

2. 生命周期（Lifecycle Views）

一个建筑的全生命周期可以分为多个阶段，BIM 应用应当覆盖全生命周期的所有阶段，在每一个阶段都应当把来自权威信息源的信息收集整合起来，并用于分析和决策。

3. 角色或专业（Roles or Disciplines）

角色是指在业务流程以及涉及信息流动中的参与者，信息共享往往涉及不同专业多个信息的提供者或使用者。在 BIM 项目中，我们希望真正的信息提供者提供权威可靠的信息，在整个业务流程中使得各个不同专业可以共享这些信息。

4. 变更管理（Change Management）

在实施 BIM 中，可能会使原有业务流程发生改变。如果发现业务流程有缺陷需要改进，应当随之对问题的根本原因进行分析（Root Cause Analysis，RCA），然后在分析的基础上调整业务流程。当然，最好的办法是通过信息技术基础设施库（Information Technology Infrastructure Library，ITIL）的程序来变更管理过程，ITIL 能够为信息管理提供一套最佳的实践方法。

5. 业务流程（Business Process）

在应用 BIM 中，如果把数据和信息的收集作为业务流程的一部分，那么数据收集的成本将大大降低，但如果把数据收集作为一个单独的进程，那么数据可能不正确或成本增加。我们的目标是在实时环境中收集和保存数据，维护好数据。

6. 及时 / 响应（Timeliness / Response）

在 BIM 的实际应用中，对信息的请求最好能做到实时响应，最差的可能是需要对请求重新创建信息。越接近准确的实时信息，对做好决策的支持力度也就越大。

7. 提交方式（Delivery Method）

信息的提交方式是否安全、便捷也是 BIM 应用成功的关键。如果信息仅用在一台机器上，而其他机器除了通过电子邮件或硬拷贝外都不能进行共享，这显然不是我们的目标。如果信息在一个结构化的网络环境中集中存储或处理，那就会实现一些共享，最理想的状况是模型是一个网络中的面向服务的体系结构（Service Oriented Architecture，SOA）的系统。为了保障信息安全，在所有阶段都要做好信息保障工作。

8. 图形信息（Graphical Information）

可视化表达是 BIM 技术的主要特点之一，实现可视化表达的主要手段就是图形。从 2D 的非智能化图形到 3D 的智能化图形，再加上能够反映时间、成本的 nD 图形，反映了图形信息由低级到高级的发展。

9. 空间能力（Spatial Capability）

在 BIM 实际应用中，搞清楚设施的空间位置具有重要意义。建筑物内的人员需要知道避灾逃生的路线；建筑节能设计，就必须知道室外的热量从哪个地方传室内。最理想的状况是 BIM 的这些信息和 GIS 集成在一起。

10. 信息准确度（Information Accuracy）

这是一个在 BIM 应用中确保实际数据已落实的关键因素，这意味着实际数据已经被用于计算空间、计算面积和体积。

11. 互用性 / IFC 支持（Interoperability / IFC Support）

应用 BIM 的目标之一是确保不同用户信息的互连互通，实现共享，也就是实现互用。而实现互用最有效的途径就是使用支持 IFC 标准的软件，使用支持 IFC 标准的软件保证了信息能在不同的用户之间顺利地流动。

从以上分析可以看出，BIM 的应用并不只是换个软件来画图这么简单，而是在 BIM 的应用中，必须顾及这 11 个方面。这 11 个方面全面覆盖了 BIM 中信息应当具有的特性，因此在 BIM 应用的评价体系中作为评价指标是合适的。通过对这 11 个指标不同应用水平的衡量，综合起来就可以对 BIM 应用水平的高低进行评价了。

前面已经给出了 11 个评价指标那么该如何评价 BIM 应用水平的高低呢？这就需要应用 BIM CMM 来进行评价。

在 CMM 中，把能力成熟度划分为 5 个等级，而 BIM CMM 把每个指标划分成 10 个不同水平的能力成熟度等级，其中 1 级表示最不成熟，10 级表示最成熟。根据不同的能力成熟度等级的描述，用户可以对照自己的实际应用情况确定各个指标的能力成熟度等级。

确定了一个项目在 BIM 应用中上述 11 个指标的成熟度等级后，就可以结合表 1-1 提供的 BIM CMM 中各项评价指标的权重系数来计算其 BIM 能力成熟度的得分了。

表 1-1　BIM CMM 中各评价指标的权重系数

指标	数据丰富度	生命周期	角色或专业	变更管理	业务流程	及时/相应	提交方式	图形信息	空间能力	信息准确度	互用/IFC支持
权重系数	0.84	0.84	0.9	0.9	0.91	0.91	0.92	0.93	0.94	0.95	0.96

从表 1-1 可以看出，11 个评价指标的权重系数从左到右呈上升趋势，"数据丰富度"和"生命周期"的权重系数最低，"互用 / IFC 支持"的权重系数最高。这反映了 BIM CMM 研制人员对这些评价指标重要性的研究，也反映了在 BIM 中最为重要的是信息的共享与互用。

为了统计某个项目应用 BIM 的成熟度得分，可以先确定该项目的各个评价指标的成熟度等级，然后再将这个等级数乘以该指标的权重因子得到达一项指标的成熟度得分，将 11 个指标的成熟度得分相加就得到该项目应用 BIM 的成熟度得分。表 1-2 是一个算例。

表 1-2 应用 BIM CMM 计算 BIM 能力成熟度总得分的算例

指标	数据丰富度	生命周期	角色或专业	变更管理	业务流程	及时/相应	提交方式	图形信息	空间能力	信息准确度	互用/IFC支持
级别	2	1	3	1	2	2	3	3	1	2	2
得分	1.68	0.84	2.7	0.9	1.82	1.82	2.76	2.79	0.94	1.9	1.92
总得分	20.07										

根据 NBIMS 的规定，BIM 能力成熟度总得分为 30 分才能达到最低 BIM 的标准（也就是说表 1-2 这个算例没有达到最低 BIM 的标准），而现在要求总得分为

40 分才算达到最低 BIM 的标准，满 50 分才能通过 BIM 认证，而到达 70 分则为白银级 BIM，80 分为黄金级 BIM，90 分以上为最高级的铂金级 BIM。

BIM CMM 除了可以作为一个量化了的 BIM 评价体系之外，它还为改善 BIM 的应用指明了方向。在确定了当前项目每个指标的等级后，再查阅其相应指标较高等级的描述，就可以清楚地了解今后的努力方向，这样就为改善 BIM 的应用确定了一个循序渐进的、稳步发展的目标。

（四）BIM CMM的应用

BIM CMM 诞生后，已经有一批项目采用它来评估应用 BIM 的能力成熟度了。

首先介绍的是位于美国田纳西州的一个建筑面积达 555000 平方英尺的项目，在该项目建造过程中，注意将 BIM 的应用和精益建造（Lean Construction）结合起来。因为在项目实施的过程中，实施精益建造经常会遇到涉及不同环节的调整。有了 BIM CMM 后，他们就可以在调整时把它作为一个评估准则，评估如何调整可以使得项目有较高的 BIM 能力成熟度得分。项目完成后，其 BIM 能力成熟度得分为 82.6，达到了黄金级 BIM 的应用水平。通过应用 BIM CMM 评估后，发现在"变更管理"和"信息准确度"方面得分较低，这就为今后如何改善 BIM 的应用明确了目标。

另一个案例是我国天津的一个综合商业体，建筑面积 14 万 m^2。该项目在建设过程中应用了 BIM 技术，以 Revit 为核心建模软件，Etabs，Tekla Structures，Rhino，MagiCAD 等专业软件相配合，顺畅地实现了 BIM 理念，大大缩短了项目设计时间，加快了项目构件加工的速度，提高了施工安装的精度，极大地节约了各参建方尤其业主方的时间成本和资金成本。最后对项目应用 BIM 进行总结，认为其 BIM 能力成熟度得分为 81.89。该项目的"生命周期""及时／响应"和"提交方式"三个指标的得分较低，这将是他们今后在应用 BIM 时的努力方向。

第二节　BIM 的起源与发展

BIM 的出现与当今时代科技的发展是分不开的。本节将对 BIM 的起源和发展进行介绍，希望这些介绍能够加深各位读者对 BIM 理念的理解。

一、在信息时代建筑业发展面临的挑战

近年来，随着建筑物越建越高，建筑物的功能越来越复杂，应用的新材料、新工艺越来越多，建筑工程的规模也越来越大，再加上环保、低碳、智能化等的要求，工程的复杂程度越来越高，技术含量也越来越大。由此导致附加在工程项目上的信息量也越来越大，如何管理好这些信息，已经成了建筑工程项目实施过程中一个必须认真处理的重要问题。人们已经认识到：与工程项目有关的信息会对整个工程的项目管理乃至整个建筑物生命周期产生重要的影响，各种原始资料、设计图纸、施工数据与项目的生产成本及工期、使用后的维护都密切相关。所有与整个工程相关的信息利用得好、处理得好，就能够提升设计质量，节省工程开支，缩短工期，也有利于使用后的维护工作。因此，十分有必要在建筑工程全生命周期中广泛应用信息技术，快速处理与建设工程有关的各种信息，减少工程项目中的各种差错和由于各种原因所造成的工程损失以及工期延误。总而言之一句话，就是必须在整个建筑全生命周期中，实现对信息的全面管理。

NBlMS–US V1 的序言中指出："美国的建筑工程在 2008 年估计要耗费 1.288万亿美元。建造业研究学会估计，在我们目前的商业模式中有多达57%的无价值的工作或浪费。这意味着该行业每年的浪费可能超过 6000 亿美元。"

中国房地产业协会商业地产专业委员会在 2010 年对地产商、施工企业和建筑设计企业所做的一项调查表明，对"在设计阶段否因图纸的不清或混乱而引致项目或投资上的损失？"的问题，有77%的受访者选择"是"；对"在过去的项目中，是否有招标图纸中存在重大错误（改正成本超过 100 万元）的情况？"的问题，有45%的受访者选择"是"。虽然这个调查的范围还不够广泛，但可以肯定的是，

我国建设工程也存在因建筑设计的原因造成浪费的情况。

由以上可以看出，建设工程项目效率低下和浪费严重的现象相当普遍，造成的原因是多方面的，但"信息孤岛"造成信息流不畅是信息丢失的主要原因之一。

在整个建设工程项目周期中，项目的信息量是随着时间不断增加的；而实际上，在目前的建设工程中，项目各个阶段的信息并不能够很好地衔接，使得信息量的增长在不同阶段的衔接处出现了断点，出现了信息丢失的现象。正如前面所提及的那样，现在应用计算机进行建筑设计最后成果的提交形式都是打印好的图纸，作为设计信息流向的下游，如概预算、施工等阶段就无法从上游获取在设计阶段已经输入到电子媒体上的信息，实际上还需要人工阅读图纸才能应用计算机软件进行概预算、组织施工，信息在这里明显丢失了。这就是为什么上文会说"多达 80% 的输入都是重复的"。

参与工程建设各方之间基于纸介质转换信息的机制是一种在建筑业中应用多年的做法。可是，随着信息技术的应用，在设计和施工过程中，都会在数字媒介上产生更加丰富的信息。虽然这些信息是借助于信息技术产生的，但由于它仍然是通过纸张来传递的，因此当信息传递媒介从数字媒介转换为纸质媒介时，许多数字化的信息就丢失了。造成这种信息丢失现象的原因有很多，其中一个重要原因，就是在建设工程项目中没有建立起科学的、能够支持建设工程全生命周期的建筑信息管理环境。

二、查尔斯·伊斯曼与建筑描述系统

在 20 世纪 60 年代，计算机图形学的诞生推动了计算机辅助设计（Computer-Aided，CAD）的蓬勃发展，在建筑界也开展了计算机辅助建筑设计（Computer-Aided Architectural Design，CAAD）的研究。到了 20 世纪 70 年代，CAAD 系统已进入了实用阶段，在设计沙特阿拉伯吉达航空港和其他地方的一些高层建筑上获得了成功（图 1-5）。

图 1-5　美国 SOM 建筑师事务所在 20 世纪 70 年代用计算机对沙特阿拉伯的吉达机场候机棚做的模拟设计

在 CAAD 逐步地发展的过程中，有一位具有重要地位的先驱人物看到了发展中存在的问题，这位先驱人物就是查理斯·伊斯曼（Charles Eastman）。

伊斯曼 1965 年毕业于美国加州大学伯克利分校（University of California, Berkeley）建筑系，两年后获得硕士学位。他在攻读硕士学位期间，深受具有英国剑桥大学数学硕士学位的著名建筑大师克里斯托弗·亚历山大（Christoppher Alexander）的影响，对数学逻辑分析的方法产生了浓厚的兴趣，这些方法深刻地影响到他后来所从事的 CAAD 研究。

伊斯曼先后在美国多所大学任教，一直从事 CAAD 的研究，其研究领域包括设计认知与协作（design cognition and collaboration）、实体和参数化模型（solids and parametric modeling）、工程数据库（engineering databases）、产品模型和互用性（product models and interoperability）等多个方面。

由于伊斯曼具有横跨建筑学、计算机科学两个学科的广博知识，使他早在 20 世纪 70 年代就对 BIM 技术做了开创性研究。1974 年 9 月，他和他的合作者在论文《建筑描述系统概述》（An Outline of Building Description System）中指出了如下一些问题：

1. 建筑图纸是高度冗余的，建筑物的同一部分要用几个不同的比例描述。一栋建筑至少由两张图纸来描述，一个尺寸至少被描绘两次。设计变更需要花费大量的努力使不同图纸保持一致。

2. 即使有这样的努力，在任何时刻都会有一些图中所表示的信息不是当前的或者是不一致的。因此，一组设计师可能是根据过时的信息做出决策的，这使得他们未来的任务更加复杂化。

3.大多数分析需要的信息必须由人工从施工图纸上摘录下来。数据准备作为最初的一步在任何建筑分析中都是主要的成本。

基于伊斯曼对以上问题的精辟分析，他提出了应用当时还是很新的数据库技术建立建筑描述系统（Building Description System）以解决上述问题的思想，并在同一篇论文中提出了 BDS 的概念性设计。对于如何实现 BDS，他在文中分别就硬件、数据结构、数据库、空间查找、型的输入、放置元素、排列的编辑、一般操作、图形显示、建筑图纸、报告的生成、建筑描述语言、执行程序等多个方面进行了分析论述。

伊斯曼通过总结分析认为 BDS 可以降低设计成本，使草图设计和分析的成本减少50%以上。虽然 BDS 只是一个研究性实验项目，但它已经直接在面对建筑设计中要解决的一些最根本的问题。

伊斯曼随后在 1975 年 3 月出版的 AIA Journal 上发表的论文《在建筑设计中应用计算机而不是图纸》（*The use of computers instead of drawings in building design*）中介绍了 BDS，并高瞻远瞩地陈述了以下一些观点：

1.应用计算机进行建筑设计是在空间中安排 3D 元素的集合，这些元素包括强化横杠、预制梁板或一个房间；

2.设计必须包含相互作用且具有明确定义的元素，可以从相同描述的元素中获得剖面团、平面图、轴测图或透视图等；对任何设计安排上的改变，图形上的更新必须与其一致，因为所有的图形都源于相同的元素，因此可以一致性地作资料更新；

3.计算机提供一个单一的集成数据库用作视觉分析及量化分析，测试空间冲突与制图等功能；

4.大型项目承包商可能会发现这种表达方法便于调度和材料的订购。

20 多年后出现的 BIM 技术证实了伊斯曼教授上述观点的预见性。他在这里已经明确提出了未来的三四十年间建筑业发展需要解决的问题。他提出的 BDS 采用的数据库技术，其实就是 BIM 的雏形。

伊斯曼在 1977 年启动的另一个项目 GLIDE（*Graphical Language for Interactive Design*，互动设计的图形语言）展现了现代 BIM 平台的特点。伊斯曼继续从事实体建模、工程数据库、设计认知和理论等领域的研究，发表了一系列很有影响力的论文，不断推动研究向深入发展。比较有代表性的论文有 1980 年发表的《原型整合的建筑模型》(*Prototype Integrated Building Model*)、1984 年的《基于完整性验证的实体形状建模综述》(*A review of solid shape modelling based on integrity verification*)、1991 年的《在设计问题的概念建构中使用数据建模》(*Use of Data Modeling in the Conceptual Structuring Databases*)、1992 年的《建筑数据库数据模型的模块化和可扩展性分析》(*A Data Model Analysis of Modularity and Extensibility in Building Databases*)、1996 年的《设计信息流管理的完整性》(*Management Integrity in Design Information Flow*)、1997 年的《建筑模型的设计应用集成》(*Integration of Design Applications with Building Models*)、1999 年的《支持设计中渐进的产品模型开发的数据库》(*A Database Supporting Evolutionary Product Model Development for Design*)等。

1999 年，伊斯曼教授出版了一本专著《建筑产品模型：支撑设计和施工的计算机环境》(*Building Product Models: Computer Environments, Supporting Design and Construction*)，这本书是 20 世纪 70 年代开展建筑信息建模研究以来的第一本专著。在专著中他回顾了 20 多年来散落在各种期刊、会议论文集和网络上的研究工作，介绍了 STEP 标准和 IFC 标准，论述了建模的概念、支撑技术和标准，并提出了开发一个新的、用于建筑设计、土木工程和建筑施工的数字化表达方法的概念、技术和方法。这本书勾画出尚未解决的研究领域，为下一代的建筑模型研究奠定了基础. 书中还介绍了大量的实例。这是一本在 BIM 发展历史上很有代表性的著作。

在 2008 年，他和一批 BIM 的专家，一起编写出版了专著《BIM 手册》(*BIM Handbook*)。该书的第二版在 2011 年出版，现已成为 BIM 领域内具有广泛影响的重要著作。30 多年来，查理斯·伊斯曼教授一直孜孜不倦地从事 BIM 的研究，不愧为 BIM 的先驱人物。由于他在 BIM 的研究中所做的开创性工作，他也被人们称为"BIM 之父"。

三、建筑信息建模的研究与实践不断发展到 BIM 的正式提出

20 世纪 80 年代到 90 年代是建筑信息技术从探索走向广泛应用并得到蓬勃发展的时期。

随着微型计算机和图形工作站的采用，廉价而功能强大的微处理器和储存芯

片的出现，分布式计算机网络和分布式数据库得到充分的发展；更多的计算机工作由大型机转移到工作站甚至微机上。随着计算机网络通讯技术的飞速发展，因特网开始进入各行各业和普通人们的生活，给计算机的应用带来了新的发展，也给建筑信息技术带来了新的发展，为 B1M 的诞生提供了硬件基础。

（一）学术界有关建筑信息建模的研究不断定向深入

自从伊斯曼发表了建筑描述系统 BDS 以来，学术界十分关注建筑信息建模的研究并发表了大量有关的研究成果，特别是进入 20 世纪 90 年代后，这方面的研究成果大量增加。

CUMINCAD（http://cumincad.scix.net/cgi-bin/works/home）是国际上专门收录高水平 CAAD 论文的著名网站，里面也收录了大量研究建筑信息建模的论文。据该网站收录论文摘要的统计，在 1990–1999 年间研究信息建模的论文是 1980–1989 年间的 5 倍多，表明这方面的研究越来越得到学术界的重视。

上一节介绍了伊斯曼教授的一系列研究论文，这些研究把建筑信息建模研究不断引向深入；上一节也介绍了他在 1999 年出版的一本专著《*Building Product Models: Computer Environments, Supporting Design and Construction*》，这本书是 BIM 发展历史上具有里程碑意义的著作。该著作出版后，受到学术界的高度重视，该著作的研究成果也被学术界广泛引用。

1988 年由美国斯坦福大学教授保罗·特乔尔兹（Paul Teicholz）博士建立的设施集成工程中心（CIFE）是 BIM 研究发展进程的一个重要标志。CIFE 在 1996 年提出了 4D 工程管理的理论，将时间属性也包含在建筑模型中。4D 项目管理信息系统将建筑物结构构件的 3D 模型与施工进度计划的各种工作相对应，建立各构件之间的继承关系及相关性，最后可以动态地模拟这些构件的变化过程。这样就能有效地整合整个工程项目的信息并加以集成，实现施工管理和控制的信息化、集成化、可视化和智能化。2001 年，CIFE 又提出了建设领域的虚拟设计与施工（Virtual Design and Construction，VDC）的理论与方法，在工程建设过程中通过应用多学科、多专业的集成化信息技术模型准确反映和控制项目建设的过程，以帮助项目建设目标尽可能好地实现。一直到今天，4D 工程管理与 VDC 都是 BIM 的重要组成部分。

（二）制造业在产品信息建模方面的成功给予建筑业有益的启示

20 世纪 70 年代，在制造业 CAD 的应用中也开始了产品信息建模（Product Information Modeling，PIM）研究。产品信息建模的研究对象是制造系统中产品的整个生命周期，目的是为实现产品设计制造的自动化提供充分和完备的信息。研究人员很快注意到，除几何模型外，工程上其他信息如精度、装配关系、属性等，也应该扩充到产品信息模型中去，因此要扩展产品信息建模的能力。

制造业对产品信息模型的研究，也经历了由简到繁、由几何模型到集成化产品信息模型的发展阶段，其先后提出的产品信息模型有以下几种：面向几何的产品信息模型、面向特征的产品信息模型、基于知识的产品信息模型、集成的产品信息模型。特别是在 STEP 标准发布后，对集成的产品信息模型的研究起了积极的推动作用，使 PIM 技术研究得到飞速发展。

20 世纪 90 年代，美国波音公司研究应用 PDM 技术，完成了波音 777 飞机的无纸化设计与制造管理，美国福特汽车公司应用 C3P（CAD／CAE／CAM／PDM）技术成功研发了具有世界先进水平的产品开发系统，而 PDM 的核心技术就是PIM 技术。PDM 系统能够管理产品全生命周期内的全部信息，就是依靠建立统一的、集成的产品信息模型来实现。

制造业以上的研究工作对建筑业产生了深远的影响。查理斯·伊斯曼教授在回忆他开始进行实体参数化建模研究时谈到，当时他的研究就是参考了通用汽车和波音公司 3D 实体建模的研究工作，他领衔编写的 BIM Handbook 一书中也专门提到波音 777 飞机是如何实现参数化建模的。这充分反映了制造业信息建模研究对建筑业的影响。

非常有趣的是，目前在 BIM 领域里大放异彩的 Revit 系列软件，其核心的始创团队与机械设计软件 ProEngineer 的核心始创团队是同一批技术人员。ProEngineer 采用参数化设计的产品信息建模软件，在全球机械制造业中占据主流地位。由此可以看出 PIM 技术对 BIM 技术的直接影响。

（三）软件开发商的不断努力实践

在 20 世纪 80 年代出现了一批不错的建筑软件。英国 ARC 公司研制的 BDS和 GDS 系统，通过应用数据库把建筑师、结构工程师和其他专业工程师的工作集成在一起，大大提高了不同工种间的协调水平。日本的清水建设公司和大林组公司也分别研制出了 STEP 和 TADD 系统，这两个系统实现了不同专业的数据共享，基本能够支持建筑设计的每一个阶段。英国 GMW 公司开发的 RUCAPS（Really Universal Computer Aided Production System）软件系统采用 3D 构件构建建筑模型，系统中有一个可以储存模型中所有构件的关系数据库，还包含有多用户系统，可满足多人同时在同一模型上工作。以上软件的许多概念与今天许多 BIM 软件的概念是相同的。

随着对信息建模研究的不断深入，软件开发商也逐渐建立起名称各异的、信息化的建筑模型。最早应用 BIM 技术的是匈牙利的 Graphisoft 公司，他们在 1987 年提出虚拟建筑（Virtual Building, VB）的概念，并把这一概念应用在 ArchiCAD 3.0 的开发中。Graphisoft 公司声称，虚拟建筑就是设计项目的一体化 3D 计算机模型，包含所有的建筑信息，并且可视、可编辑、可定义。运用虚拟建筑不但可以实现对建筑信息的控制，而且可以从同一个文件中生成施工图、渲染图、工程量清单，甚至虚拟实境的场景。虚拟建筑概念可运用在建筑工程的各个阶段，如设计、出图、与客户的交流和建筑师之间的合作。从此以后，ArchiCAD 就成为运行在个人计算机上最先进的建筑设计软件。

VB 的概念其实就是 BIM 的概念，只不过当时还没有 BIM 这个术语。随后美国 Bentley 公司则提出了一体化项目模型（Integrated Project Models, IPM）的概念，并在 2001 年发布的 MicroStation V8 中应用了这个新概念。

美国 Revit 技术公司（Revit Technology Corporation）在 1997 年成立后，研发出建筑设计软件 Revit。该软件采用了参数化数据建模技术，实现了数据的关联显示、智能互动，代表了新一代建筑设计软件的发展方向。美国 Autodesk 公司在 2002 年收购了 Revit 技术公司，后者的软件 Revit 也就成了 Autodesk 旗下的产品。在推广 Revit 的过程中，Autodesk 公司首次提出建筑信息模型（Building Information Modeling, BIM）的概念。从那以后 BIM 这个技术术语才正式被提出来。

目前，BIM 这一名称已经得到学术界和其他软件开发商的普遍认同，建筑信息模型的研究也在不断深入。

第三节 国外 BIM 应用状况

作为技术术语 BIM 正式问世至今已经有十余年了。在术语 BIM 问世前，其实 BIM 理念已经在实际中应用，但对建筑业的影响并不大。而在术语 BIM 问世后这十余年中，BIM 得到了前所未有的大发展，从不为人所知到广为人知，应用规模从小到大，应用范围越来越广，现在正处于蓬勃发展的阶段。

一、BIM 的应用范围日益扩大，效益显著

以下根据美国著名的 McGraw Hill Construction 公司对 BIM 应用开展较好的北美、欧洲所做的一系列调查研究报告中的数据和图表来说明当前 BIM 应用不断发展的情况。

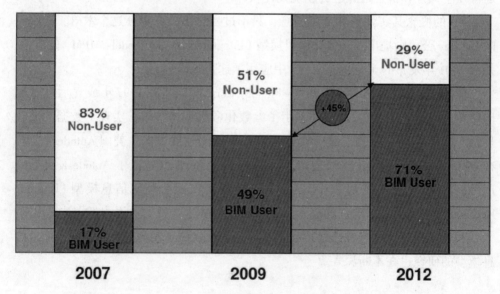

图 1-6　北美 2007-2012 年间建筑工程中采用 BIM 技术的用户

当前应用 BIM 的队伍不断壮大，用户越来越多。图 1-7 反映了北美全面采用 BIM 技术的用户从 2007 年的 17%，2009 年的 49%，发展到 2012 年的 71%。

在后3年的增长率达到了45%，而5年间的增长率超过了400%。

根据2010年对西欧英、法、德三国建筑专业人员的调查，被调查人员中采用 BIM 技术的已达到36%，其中，英、法、德三国分别为35%、38%和36%，处于北美2007年的17%和2009年的49%之间。

BIM 用户比例的上升意味着应用 BIM 技术的用户在增加。总体来说，各类型公司中应用 BIM 技术的数量都是呈现增长的趋势，其中承包商公司应用 BIM 技术的比例在2012年已经达到74%，超过了以往 BIM 技术采用率较高的建筑师事务所。

BIM 的应用并不仅仅限于房屋的建设，在各种类型的基础设施建设项目中，有越来越多的项目应用 BIM。图1-8是2013年北美基础设施建设中，BIM 应用超过50%的项目类型，并且与2009年和2011年对同一问题做调查的结果进行比较，结果说明了 B I M 的应用范围在不断扩大，水利设施、交通设施等大多数项目都在应用 BIM。

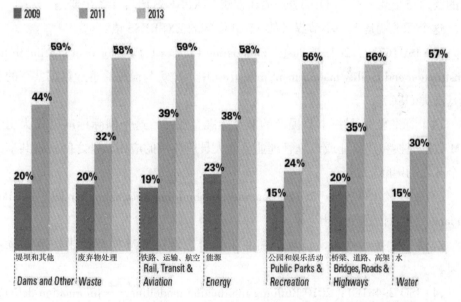

图1-7　在北美基础设施建设中，BIM 应用超过50%的项目类型

在基础设施建设中，采用 BIM 的比例以及 BIM 应用水平的快速增长，意味着 BIM 的应用能得到较好的投资回报。根据2010年对北美和西欧的调查研究，北美有72%的用户在应用 BIM 的基础设施建设项目中获得了积极的投资回报，

其中投资回报率在 25% 以上的占 32%；而在西欧则更为乐观，他们有 82% 的用户获得了积极的投资回报，其中投资回报率在 25% 以上的占 46%，接近一半。

虽然以上的资料只是以美欧的数据为主，但从以上的研究结果分析可以看出，当前 BIM 已经被越来越多的人所接受，应用 BIM 的队伍在不断壮大，用户越来越多，应用范围越来越广。越来越多的项目在应用 BIM 后，实现了缩短工期、提升效率、节约成本、提高质量的目标。

各个国家和地区的政府纷纷制定鼓励政策，各种技术标准相继发布推动了 BIM 应用健康发展。

1. 国际标准化组织

国际标准化组织迄今为止已公布了如下一系列与 BIM 有关的国际标准：

（1）ISO 10303-11:2004 Industrial automation systems and integration—Product data representation and exchange—Part 11: Description methods

The EXPRESS language reference manual（工业自动化系统与集成——产品数据的表达与交换——第 11 部分：描述方法：EXPRESS 语言参考手册）。

这个标准就是上一小节提及的 STEP 标准的 EXPRESS 语言。

（2）ISO 16739：2013 Industry Foundation Classes（IFC）for data sharing in the construction and facility management industries 用于建筑与设施管理业数据共享的工业基础类（IFC）。

这个标准就是上一小节提及的 IFC 标准。现在，这个国际标准已成为用于 BIM 数据交换和建筑业或设施管理业从业人员所使用的应用软件之间实现共享的一个开放的国际标准。

（3）ISO／TS 12911：2012 Framework for building information modelling（BIM）guidance（建筑信息模型指导框架）。

这是一个技术规范，该规范建立了一个为调试 BIM 模型提供规范的技术框架。

（4）ISO 29481-1：2010 Building information modelling——Information delivery manual—Part1: Methodology and format（建筑信息模型——信息传递手册——第 1 部分：方法与格式）。

ISO 29481-2：2012 Building information models—Information delivery manual-Part2: Interaction framework（建筑信息模型——信息传递手册——第 2 部分：交互

框架）。

这两个国际标准是有关信息传递手册（Information Delivery Manual，IDM）的相关规定，分别规定了 BIM 应用中信息交换的方法与格式以及交互框架。

（5）ISO 12006—3：2007 Building construction–Organization of information about construction works——Part 3: Framework for object–oriented information(建筑施工——施工工作的信息组织——第 3 部分：面向对象的信息框架）。

国际字典框架（International Framework for Dictionaries，IFD）也是支撑 BIM 的主要技术之一，而建立 IFD 库的概念就是源于这个国际标准的。

二、BIM 在美国的应用状况

美国作为全球 BIM 的大本营，对 BIM 的研究与应用最为领先，并且在政府层面也进行了大量的引导与推动。发展到今天，BIM 的应用已初具规模，各大设计事务所、施工公司和业主纷纷主动在项目中应用 BIM，政府和行业协会也出台了各种 BIM 标准。有统计数据表明，2009 年美国建筑业 300 强企业中 80% 以上都应用了 BIM 技术。

早在 2003 年，为了提高建筑领域的生产效率，支持建筑行业信息化水平的提升，美国总务署（CSA）推出了国家 3D—4D—BIM 计划，在 GSA 的实际建筑项目中挑选 BIM 试点项目，探索和验证 BIM 应用的模式、规则、流程等一整套全建筑生命周期的解决方案。美国总务署鼓励所有 GSA 的项目采用 3D—4D—BIM 技术，并对采用这些技术的项目承包方根据应用程度的不同，给予不同程度的资金资助。从 2007 年起，GSA 开始陆续发布系列 BIM 指南，用于规范和引导 BIM 在实际项目中的应用。

而隶属于美国联邦政府和美国军队的美国陆军工程兵团（USACE），也发布了为期 15 年的 BIM 发展路线规划（2006–2020）。规划中，USACE 承诺未来所有军事建筑项目都将使用 BIM 技术。其制定的 BIM15 年规划要实现的目标概要和时间节点如图 1–8 所示。

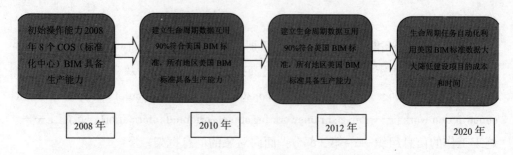

图 1-8 美国 USACE 的 BIM 发展图

美国陆军工程兵团的 BIM 战略以最大限度和美国国家 BIM 标准（NBIMS）一致为准则，因此对 BIM 的认识也基于如下两个基本观点：

1.BIM 模型是建设项目物理和功能特性的一种数字表达。

2.BIM 模型作为共享的知识资源为项目全生命周期范围内各种决策提供一个可靠的基础。

规划认为在一个典型的 BIM 过程中，BIM 模型作为所有项目参与方不同建设活动之间进行沟通的主要方式，当 BIM 完全实施以后，将产生如下价值：

1. 提高设计成果的重复利用（减少重复设计工作）。

2. 改善电子商务中使用的转换信息的速度和精度。

3. 避免数据互用不适当的成本。

4. 实现设计、成本预算、提交成果检查和施工的自动化.

5. 支持运营和维护活动。

2007 年，美国建筑科学研究院（NIBS）发布美国国家 BIM 标准（NBMS），旗下的 buildingSMART 联盟负责研究 BIM，探讨通过应用 BIM 来提高美国建筑行业生产力的方法。

NIBS 是根据 1974 年的住房和社区发展法案（the Housing Community Development Act of 1974）由美国国会批准成立的非营利、非政府组织，作为建筑科学技术领域政府和私营机构之间的沟通桥梁，旨在通过支持建筑科学技术的进步，改善建筑环境（Built Environ-ment）与自然环境（Natural Environment）来为国家和公众利益服务。NIBS 集合政府、专家、行业、劳工和消费者的利益，专注于发现和解决居住、商业和工业设施建设存在的问题和潜在问题。NIBS 同时为私营和公众机构就建筑科学技术的应用提供权威性的建议。

buildingSMART 联盟是美国建筑科学研究演在信息资源和技术领域的一

个专业委员会，其成立于2007年，是在原有的国际数据互用联盟的基础上建立起来的。2008年底，原有的美国 CAD 标准和美国 BIM 标准成员正式成为 buildingSMART 联盟的成员。buildingSMART 联盟目前的主要产品包括：

1.IFC（Industry Foundation Classes）标准；

2. 美国国家 BIM 标准第一版第一部分；

3. 美国国家 CAD 标准第4版；

4.BIM 杂志（JBIM–Journal of Building Information Modeling）。

美国 BIM 标准的现有版本中，主要包括关于信息交换和开发过程等方面的内容。计划中，使用 BIM 过程和工具的各方保准将有美国 BIM 标准来定义。相互之间数据交换要求的明细和编码组成，主要包括：

1. 出版交换明细用于建设项目生命周期整体框架内的各个专门业务场合；

2. 出版全球范围接受的公开标准下使用的交换明细编码作为参考标准；

3. 促进软件厂商在软件中实施上述编码；

4. 促进最终用户使用经过认证的软件来创建和使用可以互通的 BIM 模型交换。

三、BIM 在新加坡的应用状况

新加坡也是世界上应用 BIM 技术最早的国家之一。在 20 世纪末，新加坡政府就与世界著名软件公司合作启动1 CORENET（Construction and Real Estate NETwork）项目，以电子政务方式推动建筑业采用信息技术。CORENET 中的电子建筑设计施工方案审批系统 ePlanCheck 是世界上第一个用于这方面的商业产品，它的主要功能包括接受采用 3D 立体结构、以 IFC 文件格式传递设计方案、根据系统的知识库和数据库中存储的图形代码及规则自动评估方案并生成审批结果。其建筑设计模块审查设计方案是否符合有关材料、房间尺寸、防火和残障人通行等规范要求；建筑设备模块审查设计方案是否符合采暖、通风、给排水和防火系统等规范要求，保证了对建筑规范和条例解释的一致性、无歧义性和权威性。新加坡政府不断应用 BIM 的新技术来对 CORENET 进行优化、改造。

新加坡国家发展部属下的建设局（Building and Construction Authority，BCA）于 2011 年颁布了 2011–2015 年发展 BIM 的路线图（Building Information Modelling Roadmap），其目标是到 2015 年，新加坡整个建筑行业广泛使用 BIM 技术，路线图对实施的策略和相关的措施都做了详细的规划。2012 年 BCA 又颁布了《新加坡 BIM 指南》(*Singapore BIM Guide*)，以政府文件形式对 BIM 的应用进行指导和规范。

新加坡政府要求政府部门必须带头在所有新建项目中应用 BIM。BCA 的要求是，从工程项目 2013 年起要提交建筑的 BIM 模型，从 2014 年起要提交结构与机电的 BIM 模型，2015 年建筑面积大于 5000 平方米的项目都要提交 BIM 模型。

四、BIM 在韩国的应用状况

韩国的多个政府机构对 BIM 应用推广表现积极。韩国国土交通海洋部分别在建筑领域和土木领域制定了 BIM 应用指南，其中《建筑领域 BIM 应用指南》已于 2010 年颁布。该指南是业主、建筑师、设计师等应用 BIM 技术时必要的条件、方法等的详细说明的文件。韩国公共采购服务中心下属的建设事业局制定了 BIM 实施指南和路线图。具体的规划是对属下的大型公共设施工程项目在 2010 年选择 1–2 个大型项目示范使用 BIM 技术；2011 年选择 3–4 个大型项目示范使用 BIM 技术；2012–2015 年 500 亿韩元以上建筑项目全部采用 4D（3D+ 成本管理）BIM 技术，2016 年全部公共设施项目使用 BIM 技术。

同时，buildingSMART 在韩国的分会表现也很活跃，正与韩国的一些大型建筑公司和大学院校共同努力，致力于 BIM 在韩国建设领域的研究、普及和应用。

五、BIM 在其他国家的应用状况

澳大利亚早在 2001 年就开始应用 BIM 了。澳大利亚政府的合作研究中心（Cooperative Research Centre, CRC）在 2009 年公布了《国家数字化建模指南》(*National Guidelines for Digital Modelling*)，还同时公布了一批数字化建模的案例研究以加强大家对指南的理解。该指南致力于推广 BIM 技术在建筑各阶段的运用，从项目规划、概念设计、施工图设计、招投标、施工管理到设施运行管理，都给出了 BIM 技术的应用指引。

挪威政府管理其不动产的机构 Statsbygg 早在 2008 年就发布了《BIM 手册》(*BIM Manual*) 的第一个版本 1.0 版，其后在 2009 年和 2011 年又分别发布了 1.1 版本和 1.2 版。手册提供了有关 BIM 技术要求和 BIM 技术在各个建筑阶段的参考用途的信息。

芬兰政府下属负责管理政府物业的机构 Senate ProPerties 在 2007 年发布了一套指导性文件《BIM 的需求》(*BIM Requirements*)，内容覆盖了建筑设计、结构设计、水电暖通设计、质量保证、工料估算等9个方面。2012 年，在 BIM Requirements 的基础上又发布了《一般 BIM 的需求》(*Common BIM Requirements*)，除了更新上述9个方面的内容外，还增加了节能分析、项目管理、运营管理和建筑施工4个方面的内容。

其他还有丹麦、德国等国的政府机构都先后制定了有关的 BIM 标准，如表1-3 所示。

表1-3 各国发布 BIM 标准或指导性文件的情况

国家 / 地区	标准名称	发布机关	发布年份
美国	General Building Information Handover Guide National Building Information Modeling Standard–V2	NIST bSa	2007 2012
新加坡	Singapore BIM Guide V1.0	BCA	2012
韩国	建筑领域 BIM 应用指南	国土交通海洋部	2010
澳大利亚	National Guidelines for Digital Modelling	CRC	2009
英国	AEC (UK) BIM Standard V1.0	BIM committee	2009
日本	BIM 指南	日本建筑学会	2012

世界上已经有35个国家成为 bSI 的成员国，这35个国家几乎包括了世界上主要的发达国家和少数发展中国家，这些国家 BIM 技术应用的水平也代表了当前国际上 BIM 技术的应用水平。各国政府对 BIM 的支持和推动，将引发全球建筑业史无前例的彻底变革，BIM 将会迎来大发展的时代。

第四节　国内 BIM 应用状况

得益于中国巨大的建筑开发市场，近年来 BIM 在国内取得了突飞猛进的发展，形成了一股 BIM 热潮，也得到了国家及各级政府层面的大力扶持。

一、国内 BIM 发展状况

2003 年，美国 Bentley 公司在中国 Bentley 用户大会上推广 BIM，这是我国最早推广 BIM 的活动。

2004年，美国Autodesk公司推出"长城计划"的合作项目，与清华大学、同济大学、华南理工大学、哈尔滨工业大学四所在国内建筑业有重要地位的著名大学合作组建"BLM-BIM联合实验室"。Autodesk公司免费向这四所学校提供Revit，Civil3D，Buzzsaw等基于BIM的软件，而四校则要为学生开设学习这些软件的课程。同时，由上述四校教师联合编写出版"BLM理论与实践丛书"，并由同济大学丁士昭教授任丛书编委会主编。丛书共四册，即《建设工程信息化导论》《工程项目信息化管理》《信息化建筑设计》《信息化土木工程设计》。这是国内第一批介绍BLM和B1M理论与实践的专著。Autodesk公司的高层管理人员专门为这四本书分别撰写了序言。

国内建设工程项目 BIM 的应用始于建筑设计，一些设计单位开始探索应用 BIM 技术并初步尝到了甜头。其中为北京 2008 年奥运会建设的国家游泳中心（"水立方"），因为应用了 BIM 技术，所以在较短的时间内就解决了复杂的钢结构设计问题，因而获得了 2005 年美国建筑师学会（AIA）颁发的 BIM 优秀奖。经过近几年的发展，目前国内大中型设计企业基本拥有了专门的 BIM 团队，积累了一批应用 BIM 技术的设计成果与实践经验。

在设计的带动下，在施工与运营中如何应用 BIM 技术也开始了探索与实践。BIM 技术的应用在 2010 年上海世博会众多项目中取得了成功特别是 2010 年以来，许多项目特别是大型项目已经开始在部分工序中应用 BIM 技术。甚至像上海中心大厦这样的超大型项目在业主的主导下也全面展开了 BIM 技术的应用。青岛海湾大桥、广州东塔、北京的银河 SOHO 等具有影响力的大型项目也相继展开了 BIM 技术的应用。这些项目在应用 BIM 技术中取得的成果为其他项目应用 BIM 技术做出了榜样，应用 BIM 技术所带来的经济效益和社会效益正在被国内越来越多的业主和建筑从业人员所了解。

随着最近几年建筑业界对 BIM 认知度的不断提升，许多房地产商和业主已将 BIM 作为发展自身核心竞争力的有力手段，并积极探索 BIM 技术的应用。由于许多大型项目都要求在全生命周期中使用 BIM 技术，在招标合同中写入了有关 BIM 技术的条款，BIM 技术已经成为建筑企业参与项目投标的必备手段。

随着 BIM 应用的不断发展，对于 BIM 应用的人才需求也日益突出。2012 年，华中科技大学在国内首先开设 BIM 工程硕士班，随后，重庆大学、广州大学、武汉大学也相继开设了 BIM 工程硕士班。我国高校建筑学、建筑工程管理等专业也加大了对建筑数字技术课的改革力度，其建筑数字技术课的一半课时将用于 BIM 的教学，开设这些专业的部分学校在要求毕业设计或毕业论文中涉及 BIM 的应用。

2013 年 9 月 24 日，building SMART 中国分部成立大会在北京召开，building SMART 中国分部挂靠在中国建筑标准设计研究院。这个事件标志着我国和 building SMART 的合作进入了新的阶段，中国的 BIM 事业正在走向与国际接轨。

2014 年，各地方政府关于 BIM 的讨论与关注更加活跃，上海、北京、广东、山东、陕西等地区相继出台了各类具体的政策，推动和指导 BIM 的应用与发展。

2015 年 6 月，住建部《关于推进建筑信息模型应用的指导意见》中明确了发展目标，即到 2020 年末，建筑行业甲级勘察、设计单位以及特级、一线房屋建筑工程施工企业应掌控并实现 BIM 与企业管理系统和其他信息技术的一体化集成应用。

二、国内主要 BIM 标准及现阶段应用特点

2012 年，BIM 的相关技术标准制定工作开始有序推进，先后启动了《建筑工程信息模型应用统一标准》《建筑工程设计信息模型交付标准》《建筑工程设计信息模型分类和编码标准》等一系列国家级的BIM标准，目前这些标准有的处于成果征求意见阶段，有的已通过审查很快将予以发布，这些标准对规范我国BIM市场，推动我国BIM发展有举足轻重的作用。

北京市在 2014 年 9 月发布了《北京市地方标准——民用建筑信息模型（BIM）设计基础标准》，这是中国内地的第一部 BIM 技术标准，对推动我国 BIM 事业发展有重要意义。

国内 BIM 技术现阶段的应用特点：

1. 虽然国内 BIM 应用起步较晚，但发展迅速。

2. 有部分从业者认知不清，认为 BIM 与其他建筑行业软件没有区别。

3. 有一定数量的项目和同行在不同项目阶段和不同程度上使用了 BIM。

4. 建筑业企业（业主、地产商、设计、施工等）和 BIM 咨询顾问不问形式的合作是 BIM 项目实施的主要方式。

5. BIM 已经渗透到软件公司、BIM 咨询顾问、科研院校、设计院、施工企业、地产商等建设行业相关机构。

6. 建筑业企业开始有对 BIM 人才的需求，BIM 人才的商业培训和学校教育已经渐热，有些学校以此作为办学特色。

7. BIM 培训、BIM 认证市场混乱，良莠不齐，有待规范。

8. 建设行业现行法律、法规、标准、规范对 BIM 的支持处于初级阶段，应逐步完善。

第二章　BIM 基本知识

简单来说，BIM 是利用数字模型对项目进行设计、施工和运营的过程，也就是人们常说的建筑信息化。BIM 的应用涉及建筑物所有的项目阶段，也涉及所有的项目参与方，同时也会涉及其他一些应用于工程建设行业的技术或方法。同时，由于各方面因素的影响，不同项目对 BIM 的应用程度也是不一样的。本章将从不同项目阶段、不同项目参与方和项目中 BIM 的应用层次三个角度，BIM 评价体系以及 BIM 相关技术特征等方面对 BIM 进行介绍。

第一节　不同项目阶段的 BIM

建筑项目的生命周期可以详细划分为如下 6 个阶段：规划阶段、设计阶段、施工阶段、项目交付和试运行阶段、运营和维护阶段、处置阶段。每个阶段都有相应的信息使用要求。

（一）规划阶段

规划和计划是由物业的最终用户发起的，这个最终用户未必一定是业主。规划阶段需要的信息是指最终用户根据自身业务发展的需要对现有设施的条件、容量、效率、运营成本和地理位置等要素进行评估，以决定是否需要购买新的物业或者改造已有物业。这个分析既包括财务方面的内容，也包括物业实际状态方面的内容。

如果决定启动一个建设或者改造项目，下一步就是细化目标用户对物业的需求，这也是开始聘请专业咨询公司（建筑师、工程师等）的时间点，这个过程结束以后，设计阶段就开始了。

（二）设计阶段

设计阶段创建的大量信息虽然相对简单，却是物业生命周期所有后续阶段的基础。会有相当数量不同专业的人士在这个阶段介入设计过程，其中包括建筑师、岩土工程师、结构工程师、机电工程师、给排水工程师、预算造价师等，并且这些专业人士可能属于不同的机构，因此他们之间的实时信息共享非常关键，但真正能做到的却是凤毛麟角。

传统情形下，影响设计的主要因素包括建筑规划、建筑材料、建筑产品和建筑法规等，其中建筑法规包括土地使用、环境、设计规范、试验等。

近年来，施工阶段的可建性和施工顺序问题、制造业的车间加工和现场安装方法以及精益施工体系中的"零库存"设计方法越来越多地被引入设计阶段。

设计阶段的主要成果是施工图，典型的设计阶段通常在进行施工承包商招标的时候结束，但是对于 DB／EPC／IPD 等项目实施模式来说，设计和施工是两个连续的阶段。

(三) 施工阶段

施工阶段的任务是解决"怎么做"的问题，是让对建筑物的物理描述变成现实的阶段。施工阶段的基本信息实际上就是设计阶段创建的描述将要建造的那个建筑物的信息，这些信息传统上通过图纸进行传递。施工承包商在此基础上增加产品来源、深化设计、加工、安装过程、施工排序和施工计划等信息。

设计图纸的完整和准确是施工能够按时、按造价完成的基本保证，而事实非常不乐观。设计图纸的错误、遗漏、协调性差以及其他质量问题导致了大量工程项目的施工过程超工期、超预算。

大量的研究和实践表明，富含信息的三维数字模型可以改善设计交给施工的工程图纸文档的质量、完整性和协调性。结构化信息形式和标准信息格式的使用使施工阶段的应用软件，例如数控加工、施工计划等软件，可以直接利用设计模型。

(四) 项目交付和试运行阶段

当项目基本完工，最终用户开始入住或使用该建筑物的时候，交付就开始了，这是由施工向运营转换的一个相对短暂的时间，但通常这也是用户从设计和施工团队获取设施信息的最后机会。正是由于这个原因，从施工到交付和试运行的转换点被认为是项目生命周期最关键的节点。

1.项目交付

在项目交付和试运行阶段，业主认可施工工作、交接必要的文档、执行培训、支付保留款、完成工程结算。主要的交付运动包括：

（1）建筑和产品系统启动；

（2）发放入住授权，建筑物开始使用；

（3）业主给承包商准备竣工查核事项表；

(4) 运营和维护培训完成;

(5) 竣工计划提交;

(6) 使用和保险条款开始生效;

(7) 最终验收检查完成;

(8) 最后的支付完成;

(9) 最终成本报告和竣工时间表生成。

虽然每个项目都要进行交付,但并不是每个项目都进行试运行。

2.项目试运行

试运行是一个系统化过程,这个过程确保和记录所有的系统和部件都能按照明细和最终用户要求,以及业主运营需要完成其相应功能。随着建筑系统越来越复杂,承包商越来越专业化,传统的开启和验收方式已经不再适合。根据美国建筑科学研究院的研究,一个经过试运行的建筑其运营成本要比没有经过试运行的减少8% -20%。比较而言,试运行的一次性投资是建造成本的0.5% -1.5%。

在传统的项目交付过程中,信息要求集中于项目竣工文档、实际项目成本、实际工期和计划工期的比较、备用部件、维护产品、设备和系统培训操作手册等,这些信息主要由施工团队以纸质文档形式进行递交。

使用项目试运行方法时,信息需求来源于项目早期的各个阶段。最早的规划阶段定义了业主和设施用户的功能、环境和经济要求,设计阶段通过产品研究和选择、计算分析、图纸以及其他描述形式将需求转化为物理现实,这个阶段产生的大量信息被传递到施工阶段。连续试运行概念要求从项目设计阶段就考虑试运行需要的信息,同时在项目发展的每个阶段随时收集这些信息。

(五)项目运营和维护阶段

虽然设计、施工和试运行等活动是在数年之内完成的,但是项目的生命周期可能会延长几十年甚至几百年,因此运营和维护是最长的阶段,当然也是花费成本最大的阶段。运营和维护阶段是能够从结构化信息递交中获益最多的项目阶段。

计算机维护管理系统和企业资产管理系统是分别从物理和财务角度进行设施运营和维护信息管理的软件产品。目前情况下自动从交付和试运行阶段为上述两类系统获取信息的能力还相当差,信息的获取主要依靠高成本、易出错的人工干预。

运营和维护阶段的信息需求包括设施的法律、财务和物理信息等各个方面，信息的使用者包括业主运营商（包括设施经理和物业经理）、住户、供应商和其他服务提供商等。

1. 物理信息。几乎完全来源于交付和试运行阶段设备和系统的操作参数，质量保证书，检查和维护计划，维护和清洁用的产品、工具、备件。

2. 法律信息。包括出租、区划和建筑编号、安全和环境法规等。

3. 财务信息。包括出租和运营收入、折旧计划、运行成本等。

运维阶段也产生自己的信息，这些信息可以用来改善设施性能、支持设施扩建或清理的决策。运维阶段产生的信息包括运行水平、服务请求、维护计划、检验报告、工作清单、设备故障时间、运营成本、维护成本等。另外，还有一些在运营和维护阶段对建筑物造成影响的项目，例如住户增建、扩建、改建、系统或设备更新等，每一个这样的项目都有自己的生命周期、信息需求和信息源，实施这些项目最大的挑战就是根据项目变化来更新整个设施的信息库。

（六）处置阶段

建筑物的处置有资产转让和拆除两种方式。

资产转让（出售）的关键信息包括财务和物理性能数据：设施容量、出租率、土地价格建筑系统和设备的剩余寿命、环境整治需求等。

拆除需要的信息包括需要拆除的材料数量和种类、环境整治需求、设备和材料的废品价值、拆除结构所需要的能量等，这里的有些信息需求可以追溯到设计阶段的计算和分析工作。

第二节 不同应用层次的 BIM

一、BIM 对项目各参与方的贡献

2007 年美国发布的国家 BIM 标准，其中 BIM 能够对项目不同参与方和利益相关方带来的利益做了如下说明：

1. 业主：所有物业的综合信息，按时、按预算物业交付。

2. 规划师：集成场地现状信息和公司项目规划要求。

3. 经纪人：场地或设施信息支持买入或卖出。

4. 估价师：设施信息支持估价。

5. 按揭银行：关于人口统计、公司、生存能力的信息。

6. 设计师：规划、场地信息和初步设计。

7. 工程师：从电子模型中输入信息到设计和分析软件。

8. 成本和工程量预算师：使用电子模型得到精确工程量。

9. 明细人员：从智能对象中获取明细菜单。

10. 合同和律师：更精确的法律描述，无论应诉还是起诉都更精确。

11. 施工承包商：智能对象支持投标、订货以及存储得到的信息。

12. 分包商：更清晰地沟通以及和承包商同样的支持。

13. 预制加工商：使用智能模型进行数控加工。

14. 施工计划：使用模型优化施工计划和分析可建性问题。

15. 规范负责人（行业主管部门）：规范检查软件处理模型信息更快、更精确。

16. 试运行：使用模型确保设施按设计要求建造。

17. 设施经理：提供产品、保修和维护信息。

18. 维修保养：确定产品进行部件维修或更换。

19. 翻修重建：最小化预料之外的情况以及由此带来的成本。

20. 废弃和循环利用：更好地支持判断什么可以循环利用。

21. 范围、试验、模拟：数字化建造设施以消除冲突。

22. 安全和职业健康：知道使用了什么材料以及相应的材料安全数据表。

23. 环境：为环境影响分析提供更好的信息。

24. 工厂运营：工艺流程三维可视化。

25. 能源：BIM 支持更多设计方案比较，使得能源优化分析更易实现。

26. 安保：智能三维对象能更好地帮助发现漏洞。

27. 网络经理：三维实体网络计划对故障排除作用巨大。

28. CIO：为更好的商业决策提供基础，现有基础设施信息。

29. 风险管理：对潜在风险和如何避免及最小化有更好的理解。

30. 居住使用、支持：可视化效果帮助，解决非专业人士读不懂施工图的问题。

31. 第一反应人：及时和精确的信息帮助最小化生命和财产损失。

2010 年 4 月，在韩国 buildingSMART 年会上，美国 buildingSMART 联盟 (美国 BIM 标准制定机构) 主席 Dana. Smith 先生就 BIM 对各个参与方的潜在利益大小以及目前应用水平进行了分析。

二、不同项目参与方的 BIM 战略

从不同项目参与方的角度来讲，它至少集合了业主、设计方、总承包方和运营商四种主要角色。这四种角色的 BIM 战略简单总结如下：

（一）业主方的BIM战略

业主方的 BIM 战略目标是借助项目来推动业主本身以及下游分包商的 BIM 全生命周期应用。业主实施 BIM 的影响力是最大的，往往会对设计、施工、运营以及大大小小几百个分包企业产生深层次影响。业主的 BIM 战略主要包括以下四个方面：

1. 制定目标：应用 BIM 实现什么具体业务目标，如项目质量提高、进度加快、浪费减少、风险可控、协同能力增强、信息共享、成本降低等；BIM 如何与现有业务流程相结合，是辅助应用、深度融合，还是能够替代现有业务流程。

2. 建立团队：决定建立专业 BIM 团队，或是委托专业 BIM 咨询顾问。如何利用内外资源进行 BIM 软件的专业培训，以及 BIM 战略培训辅导；如何整合利用下游企业的 BIM 团队的工作成果。

3. 实施若干 BIM 项目：如何根据 BIM 项目的特点进行模型分解与任务分解；如何定义下游企业的 BIM 任务；如何保证成功启动第一个项目并取得经验等。

4. 建立并完善 BIM 应用环境：制定适合业主方的 BIM 流程，特别是规定不同下游企业之间的信息工作流程和信息标准，甚至通过合同规定只有达到一定BIM 能力的企业才能成为项目团队成员。

（二）设计方的BIM战略

设计方的 BIM 战略目标是培养 BIM 的设计团队和协同能力，并形成适合自身的 BIM 设计标准，提高设计竞争力，具体包括如下几方面：

1. 制定目标：应用 BIM 实现什么具体业务目标，如提高设计质量、加快设计进度、增强设计协同能力、共享各个设计工种信息等。设计方也要解决应用 BIM 如何与现有业务流程结合的问题。为了不影响现有工作流程和生产线，现阶段设计方的 BIM 应用大多数还是在辅助应用阶段。但是对设计方来讲，BIM 的应用应

逐步融入现有设计流程中。

2. 建立团队：设计方比较倾向于利用专业 BIM 咨询团队的帮助，逐步培养自身 BIM 团队。设计方要考虑如何利用内外资源进行 BIM 软件的专业培训、BIM 战略培训辅导，以及如何配合业主的 BIM 战略。

3. 实施若干 BIM 项目：如何根据 BIM 项目的特点进行模型分解与内部任务分解，如建筑师、结构工程师、设备工程师之间如何互通信息与共享模型。

4. 建立并完善 BIM 环境：设计方注重制定 BIM 软件模板和族库，制定内部的 BIM 工作流程。今后，BIM 应用能力将成为设计方的核心竞争力。

（三）施工方的BIM战略

施工方包括施工总承包商、分包商、预制加工商等相关企业。施工方的 BIM 战略目标是借助项目来提高企业的精细化管理水平，并且能够减少浪费、增加项目利润。施工方的 BIM 战略主要包括以下四个方面：

1. 制定目标：应用 BIM 实现什么具体业务目标，如项目中降低成本、加快进度、降低施工风险等。在 BIM 应用方面一般会进行施工前的碰撞检查、施工 4D 模拟、工程算量、成本跟踪等。

2. 建立团队：根据情况决定是否建立专业 BIM 团队，或是委托专业 BIM 咨询顾问，决定是否购买软件，或是否购买项目数据服务。

3. 实施若干 BIM 项目：如何根据 BIM 项目的特点进行任务分解，根据项目目标完成情况来支付 BIM 服务的费用。对于建造周期长达若干年的项目，则要注意 BIM 项目信息的安全性。

4. 建立并完善 BIM 环境：施工方同样要建立并完善 BIM 环境，有条件的施工企业应拥有高技术水平的 BIM 团队。

（四）运营方的BIM战略

运营方包括商业地产的经营方、设施经理、物业方等。运营方的 BIM 战略目标是利用 BIM 技术提升建筑资产的管理水平。运营方的 BIM 战略主要包括以下四个方面：

1. 制定目标：应用 BIM 实现什么具体业务目标，如运营更加可持续、更加安全、更加有效率，甚至直接提高建筑空间的盈利能力。在 BIM 应用方面，主要是基于 BIM 的运营管理软件进行空间设施的有效管理，并且利用信息分析结果进一步合理调整管理方式。

2. 建立团队：根据情况决定是否建立专业 BIM 团队，或是委托专业 BIM 咨询顾问，决定是否购买软件，或是否购买项目数据服务。

3. 实施若干 BIM 项目：建立项目的 BIM 管理模型并且整合信息来进行运营管理。

4. 建立并完善 BIM 环境：运营方同样要建立并完善 BIM 环境，特别是商业地产连锁企业，其项目管理标准化程度高，要建立适合本企业的 BIM 标准来进行统一管理。

第三节　不同应用层次的 BIM

BIM 应用层次可以从不同的角度分析和探讨，本节介绍三种常见的方法，即社会形态法、拆字释义法和境界层次法。

一、社会形态法

社会形态法通过项目成员之间应用 BIM 的关系，把 BIM 应用由低到高划分为三个层次，如图 2-1 所示。

1. 孤立 BIM。孤立 BIM 主要指采用传统项目模式，项目成员自己使用 BIM 工具，与其他项目成员没有沟通和数据分享。

2. 社会 BIM。社会 BIM 主要指采用虚拟设计与施工的项目，项目成员使用 BIM 工具并和项目其他成员之间有一些数据分享，有一定的有效沟通。

3. 亲密 BIM。亲密 BIM 主要是指采用集成项目交付模式的项目，项目成员按照各自职责共同完成 BIM，集体做出决策。

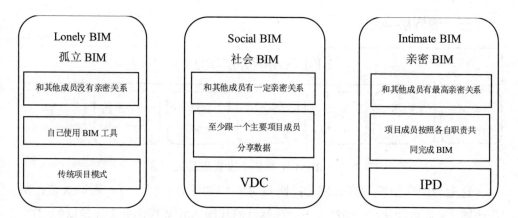

图 2-1 BIM 社会形态法应用层次划分

二、拆字释义法

拆字释义法通过对 BIM 三个字母不同含义的解读，对 BIM 的应用层次进行描述，如图 2-2 所示。

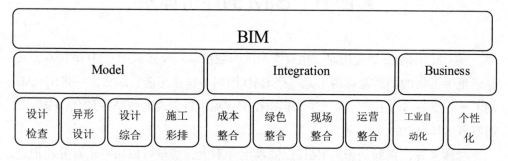

图 2-2 BIM 拆字释义法应用层次划分

这里也把 BIM 应用分为三个层次，由低到高分别为：

（1）M（Model）——模型应用。主要指设计、设计检查、施工模拟等。

（2）I（Intergration）——信息集成整合。主要指成本整合、现场整合、绿色整合、运营整合等。

（3）B（Business）——业务模式。主要指业务模式和业务流程优化，包括工业自动化、个性化等。

三、境界层次法

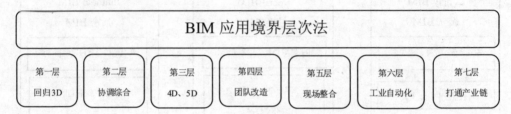

图 2-3　BIM 境界层次法应用层次划分

这七个层次由低到高分别为：回归 3D；协调综合；4D、5D；团队改造；整合现场；工业自动化；打通产业链。虽然目前我国的 BIM 应用处于比较低的层次，但是随着行业乃至国家对 BIM 越来越重视，我国 BIM 应用很快就会进入较高的层次。

第四节　BIM 的评价体系

在 CAD 刚刚开始应用时，也有类似的问题出现：一张只用 CAD 画轴网，其余还是手工画的图纸能称得上是一张 CAD 图吗？显然不能。那么，一张用 CAD 画了所有线条，而用手工涂色块和根据校审意见进行修改的图是一张 CAD 图吗？回答当然是肯定的。

总体来看，判断是否是 CAD 图的难度并不大，甚至可以用一个百分比把这件事情讲清楚，即这是一张百分之多少的 CAD 图。但是同样一件事情，对 BIM 来说，难度就要大得多。事实上，目前有不少关于某个软件产品是不是 BIM 软件、某个项目的做法属不属于 BIM 范畴的争论和探讨一直在发生和继续着。那么，如何判断一个产品或者项目是否可以称得上是一个 BIM 产品或者 BIM 项目，如果两个产品或项目进行比较，哪一个的 BIM 程度更高或能力更强呢？

美国国家 BIM 标准提供了一套以项目生命周期信息交换和使用为核心的可以量化的 BIM 评价体系，称作 BIM 能力成熟度模型（BIM Capability Maturity Model，BIM CMM），下面介绍该 BIM 评价体系的主要内容。

一、BIM 评价指标

BIM 评价体系选择了下列 11 个要素作为评价 BIM 能力成熟度的指标。

1. 数据丰富性（Data Richness）。

2. 生命周期（Lifecycle Views）。

3. 变更管理（Change Management）。

4. 角色或专业（Roles or Disciplines）。

5. 业务流程（Business Process）。

6. 及时性 / 响应（Timeliness/Response）。

7. 提交方法（Delivery Method）。

8. 图形信息（Graphic Information）。

9. 空间能力（Spatial Capability）。

10. 信息精度（Information Accuracy）。

11. 互用性 /IFC 支持（Interoperability/IFC Support）。

二、BIM 指标成熟度

BIM 指标成熟度是指 BIM 为每一个评价指标设定了 10 级成熟度，其中 1 级为最不成熟，10 级为最成熟。例如，第八个评价指标"图形信息"的 1–10 级成熟度的描述如下：

1 级：纯粹文字。

2 级：2D 非标准，

3 级：2D 标准非智能。

4 级：2D 标准智能设计图。

5 级：2D 标准智能竣工图。

6 级：2D 标准智能，实时。

7 级：3D 智能图。

8 级：3D 智能，实时。

9 级：4D—加入时间。

10 级：nD—加入时间、成本等。

三、BIM 指标权重

BIM 指标权重是指根据每个指标的重要因素，BIM 评价体系为每个指标设置了相应的权重，如表 2-1 所示。

表 2-1　BIM 评价指标权重

指标	权重	指标	权重
数据丰富性	1.1	提交方法	1.4
生命周期	1.1	图形信息	1.5
变更管理	1.2	空间能力	1.6
角色或专业	1.2	信息精度	1.7
业务流程	1.3	互用性 /IFC 支持	1.8
及时性 / 响应	1.3		

四、BIM 评价和分析工具

1.BIM 评价体系计分表。BIM 评价体系采用百分制计分，当确定了上述 11 个要素的权重系数后，计分表也就确定了，见表 2-2。

表 2-2　BIM 评价体系计分表

要素 / 成熟度	数据丰富性	生命周期	变更管理	角色或专业	业务流程	及时性 / 响应	提交方法	图形信息	空间能力	信息精度	互用性 /ICF
1	0.84	0.84	0.9	0.9	0.91	0.91	0.92	0.93	0.94	0.95	0.96
2	1.68	1.68	1.8	1.8	1.82	1.82	1.84	1.86	1.88	1.90	1.92
3	2.62	2.62	2.7	2.7	2.73	2.73	2.76	2.78	2.82	2.85	2.88
4	3.36	3.36	3.6	3.6	3.64	3.64	3.68	3.72	3.76	3.80	3.04
5	4.20	4.20	4.5	4.5	4.66	4.66	4.80	4.86	4.70	4.75	4.80
6	5.04	5.04	5.4	5.4	5.46	5.46	5.52	5.58	5.64	5.70	5.76
7	5.88	5.88	6.3	6.3	6.37	6.37	6.44	6.61	6.66	6.65	6.72
8	6.72	6.72	7.2	7.2	7.28	7.28	7.28	7.44	7.62	7.80	7.68
9	7.56	7.56	8.1	8.1	8.19	8.19	8.28	8.37	8.46	8.55	8.64
10	8.4	8.4	9.0	9.0	9.10	9.10	9.20	9.30	9.30	9.40	9.50

例如，第一个评价指标数据丰富性的最高分为8.4分，最低分为0.84分，当数据丰富性处在第5级成熟度的时候，这个指标得分为4.2分。

2.BIM 评价体系计分举例。当对于某一个被测评对象的11个评级在指标选择了各自的成熟级别以后，分别从上述计分表中找出对应的分数，累加以后就可以得到这个对象的 BIM 得分。

例如，首先分别选择11个指标的成熟级别，见表2-3。

表2-3 BIM 评价体系计分示例

序号	要素	成熟级别
1	数据丰富性	2
2	生命周期	1
3	变更管理	2
4	角色或专业	3
5	业务流程	1
6	及时性 / 响应	1
7	提交方法	3
8	图形信息	3
9	空间能力	1
10	信息精度	2
11	互用性 /IFC 支持	2

然后根据11个指标的成熟级别查计分表，得到各指标的分值，最后进行求和，这样就得出了这个测评对象的得分为19.14分。根据 NBIMS 的规定，最低标准的 BIM 为40分（也就是说这个例子没有达到 BIM 的最低标准），低于这个分值相当于 BIM 评价为不通过，不被认可为采用 BIM 的项目；50分为通过 BIM 认证，70分为银牌 BIM，80分为金牌 BIM，90分为白金 BIM（分值越高，BIM 化程度越高，满分为100分）。本案例距离通过 BIM 认证还差30.84分，分值较低，没有通过 BIM 认证。

五、BIM CMM 对我国 BIM 发展的借鉴意义

NBIMS 的 BIM 能力成熟度模型虽然本身也还处于不断发展的过程当中，而且对于评价指标种类、权重和数量的确定，成熟度各个级别的定义和总级别数量的确定，以及总体 BIM 成熟度的分级条件等都还有不少值得商榷的地方，加上我国工程建设行业的实际情况与美国相比也存在各种各样的差别，完全按照这套模式对中国的 BIM 过程、方法、产品、应用进行评价应该会有一定的不合适甚至不合理的地方，但是总体来说使用这套模式对我国目前进行的 BIM 工作进行评价已经具有非常实际的参考意义。

目前这套工作方法对我国的 BIM 发展至少有如下两点借鉴意义。

1. 使用其他行业已经非常成熟的能力成熟度模型（CMM）来建立 BIM 评价体系，以充分利用前人和其他行业的工作成果，也有利于 BIM 的应用与推广。

2. 评价体系（包括标准）和 BIM 本身一起逐步发展和完善，互相促进的同时也互相制约，让业内人士既有章可循又不故步自封，不用等到 BIM 应用成熟之后再来制定标准。

第五节　BIM 与相关技术

BIM 对建筑业的绝大部分从业人员来说还是一种比较新的技术和方法，在 BIM 产生和普及应用之前，建筑行业已经使用了不同种类的数字化及相关的技术和方法，包括 CAD、可视化、参数化、CAE、GIS、协同、BLM、IPD、VDC、精益建造、流程、互联网、移动通信、RFID 等。那么，这些技术和方法与 BIM 之间是一种什么样的关系呢，BIM 是如何和这些相关技术方法一起来实现建筑业产业提升的呢？本节将对现阶段与 BIM 密切相关并且常用的若干相关技术和方法作简单介绍。

一、BIM 和 CAD

CAD 是建筑工程领域的技术人员经常接触的概念，因为目前工程建设行业的现状就是大家都在使用 CAD。现在，人们都知道了还有一个新东西叫 BIM，听到、遇到的 BIM 频率越来越高，而且使用 BIM 的项目和人员也在增加，关于这方面的资料也在增加。

关于 BIM 和 CAD 这两个概念，常有以下问题：

问题一：AutoCAD 或 Microstation 是 BIM 吗？

回答：不是。

为什么：因为只是几何图形，没有关于建设项目本身的各种信息。

问题二：天正或 Speedikon 是 BIM 吗？

回答：应该不是吧。

为什么：因为软件厂商按说是。

问题三：AutoCAD Architecture（ADT）是 BIM 吗？

回答：这还真不好说。

为什么：因为厂商自己一会儿说是，一会儿说不是。

问题四：Revit，Bentley Architecture，ArchiCAD 是 BIM 吗？

回答：是。

为什么：因为软件厂商自己说是，大家也都说"是"。

问题五：Revit，Bentley Architecture，ArchiCAD 和其他 BIM 软件的 BIM 程度有什么区别吗？

回答：说不出来。

为什么：不知道怎样衡量。

其实，上节的 BIM 评价体系已经回答了上述问题，这里再用图给大家一个关于 BIM 和 CAD 的直观感觉。

目前 BIM 的应用现状是先把 CAD 和 BIM 比成两个相切而不是相交的圆，这是因为现在二维图纸仍然是表达建设项目的唯一法律文件形式，而目前的 BIM 软件完成这个工作的能力还有待提高。因此现状就是 CAD 做 CAD 的工作，BIM 做 BIM 的工作，中间的过渡部分就是人们不容易说清楚是不是 BIM 的那部分建立在 CAD 平台上的专业应用软件，用 BIM 评价体系的判断方法，达到一定的计分就是 BIM，否则就不能称为 BIM。

图 2-4 用来表达理想的 BIM 环境，这个时候 CAD 能做的工作应该是 BIM 能做的工作的一个子集。

图 2-4 理想的 BIM 环境

二、BIM 和 CAE

CAE（Computer-aided engineering）简单说就是国内常用的工程分析、计算、模拟、优化（如 Ansys、Abaqus、Nastran 等）等软件，这些软件是项目设计团队决策信息的主要提供者。

CAE 的历史比 CAD 早，当然更比 BIM 早，计算机的最早期应用事实上是从 CAE 开始的，包括历史上第一台用于计算炮弹弹道的 ENIAC 计算机，其工作就是 CAE。

CAE 涵盖的领域包括以下几方面：

1. 使用有限元法—（FEA，Finite Element Analysis）进行应力分析，如结构分析等。

2. 使用计算流体动力学（CFD，Computational Fluid Dynamics）进行热和流体的流动分析，如风—建筑结构相互作用等。

3. 运动学，如建筑物爆破倾倒历时分析等。

4. 过程模拟分析，如日照、人员疏散等。

5. 产品或过程优化，如施工计划优化等。

6. 机械事件仿真（MES，Mechanical Event Simulation）。

设计是一个根据需求不断寻求最佳方案的循环过程，而支持这个过程的就是对每一个设计方案的综合分析比较，也就是 CAE 软件能做的事情。一个典型的设计过程可以用图 2-5 表示。

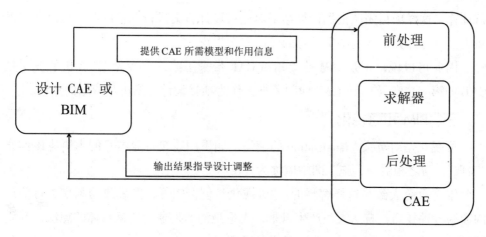

图 2-5 设计过程示意图

一个 CAE 系统通常由前处理、求解器和后处理三部分组成，三者的主要功能如下：

1. 前处理：根据设计方案定义用于某种分析、模拟、优化的项目模型和外部环境因素（统称为作用，如荷载、温度等）。

2. 求解器：计算项目对于上述作用的反应（如变形、应力等）。

3. 后处理：以可视化技术、数据集成等方式把计算结果呈现给项目团队，作为调整、优化设计方案的依据。

目前大多数情况下，CAD 作为主要设计工具，其图形本身没有或极少包含各类 CAE 系统所需要的项目模型非几何信息（如材料的物理、力学性能）和外部作用信息，在能够进行计算以前，项目团队必须参照 CAD 图形使用 CAE 系统的前处理功能重新建立 CAE 需要的计算模型和外部作用；在计算完成以后，需要人工根据计算结果用 CAD 调整设计，然后进行下一次计算。

由于上述过程工作量大、成本过高且容易出错，因此大部分 CAE 系统只能用来对已经确定的设计方案进行事后计算，然后根据计算结果配备相应的建筑、结构和机电系统，至于这个设计方案的各项指标是否达到了最优效果，反而较少有人关心。也就是说，CAE 作为决策依据的根本作用并没有得到很好的发挥。CAE 在 CAD 以及前 CAD 时代的状况，可以用有心无力来描述。

由于 BIM 包含了一个项目完整的几何、物理、性能等信息，CAE 可以在项目发展的任何阶段从 BIM 模型中自动抽取各种分析、模拟、优化所需要的数据进行计算，这样项目团队根据计算结果对项目设计方案进行调整以后又可以立即对新方案进行计算，直到产生满意的设计方案为止。

因此可以说，正是 BIM 的应用给 CAE 带来了第二个春天 (计算机的发明是 CAE 的第一个春天)，让 CAE 回归了真正作为项目设计方案决策依据的角色。

三、BIM 和可视化

可视化是对英文 Visualization 的翻译，如果用建筑行业本身的术语应该称作"表现"，与之相对应，施工图中应称为"表达"。

维基百科大致是这样解释的："可视化是创造图像、图表或动画来进行信息沟通的各种技巧，自从人类产生以来，无论是沟通抽象的还是具体的想法，利用图画的可视化方法都已经成为一种有效的手段。"

从这个意义上来说，实物的建筑模型、手绘效果图、照片、计算机效果图、计算机动画都属于可视化的范畴，符合"用图画沟通思想"的定义，但是二维施工图不属于可视化。目前，二维 CAD 施工图是项目的主要依据，但这只是建筑业专业人士的"专业语言"，是项目信息的抽象表达，而不是一种"图画"，属于"表达"范畴，不属于可视化。

这里说的"可视化"是指计算机可视化，包括计算机动画和效果图等。有趣的是，大家约定俗成地对计算机可视化的定义与维基百科的定义完全一致，这也和建筑业本身有史以来的定义不谋而合。

明确了可视化以及计算机可视化的概念以后，还有下面几个问题需要思考：

1.2D 图纸是可视化吗？

2.3D 线框图是可视化吗？

3.3D 色块图是可视化吗？

4.3D 真实效果图是可视化吗？

如果把 BIM 定义为建设项目所有几何、物理、功能信息的完整数字表达或建筑物的 DNA 的话，那么 2D CAD 平、立、剖面图纸可以分别比作该项目的心电图、B 超和 X 光，而可视化就是这个项目特定角度的照片或者录像，即 2D 图纸和可视化都只是表达或表现了项目的部分信息，而不是完整信息。

目前 CAD 和可视化作为建筑业主要的数字化工具，CAD 图纸是项目信息的抽象表达，可视化是对 CAD 图纸表达的项目信息的图画式表现，可以更好地指导施工，使项目最终呈现的效果符合设计意图。但由于可视化通常需要根据 CAD

图纸重新建立三维可视化模型，因此时间和成本的增加以及错误的发生就成为这个过程的必然结果。同时，CAD 图纸是在不断调整和变化的，这种情形下，要让可视化的模型和 CAD 图纸始终保持一致，成本会非常高，所以传统的三维可视依据都是初期做的效果图，看完后不会去更新，和 CAD 图纸保持一致。这样一方面不能很好地指导施工，另一方面会导致建设成果背离了设计师的初衷。使用 BIM 以后这种情况就会有很大改变。

首先，BIM 本身就是一种可视化程度比较高的工具；而可视化是在 BIM 基础上的更高程度的可视化表现。

其次，由于 BIM 包含了项目的几何、物理和功能等完整信息，可视化可以直接从 BIM 模型中获取需要的几何、材料、光源、视角等信息，不需要重新建立可视化模型。可视化的工作资源可以集中到提高可视化效果上来，而且可视化模型可以随着 BIM 设计模型的改变而动态更新，保证可视化与设计的一致性。

最后，由于 BIM 信息的完整性以及与各类分析计算模拟软件的集成，拓展了可视化的表现范围，例如 4D 模拟、突发事件的疏散模拟、日照分析模拟等。

四、BIM 和参数化建模

参数化建模的英文是 Parametric Modeling，可以从以下几方面分析 BIM 和参数化建模的关系：

1.非参数化建模

（1）一般的 CAD 系统，确定图形元素尺寸和定位的是坐标，这不是参数化。

（2）为了提高绘图效率，在上述功能基础上可以定义规则来自动生成一些图形，例如复制、阵列、垂直、平行等，这也不是参数化。原因很简单，这样生成的两条垂直（或其他关系）的线，其关系是不会被系统自动维护的，用户编辑其中的一条线，另外一条线不会随之变化。

（3）在 CAD 系统的基础上，可以对特殊工程项目（例如水池）的参数化自动设计应用程序，用户只要输入几个控制参数（如边长、高度等），程序就可以自动生成这个项目的所有施工图、材料表等，这还不是参数化。有两点原因：首先这个过程是单向的，生成的图形和表格已经完全没有关联性和智能（这个时候如果修改某个图形，其他相关的图形和表格是不会自动更新的）；其次这种程序对能处理的项目范围限制极其严格，也就是说，嵌入其中的专业知识极其有限。

（4）为了使通用的 CAD 系统能更好地服务于某个行业或专业，应该定义和开发面向对象的图形实体(被称为"智能对象"),然后在这些实体中存放非几何的专业信息(如墙厚、墙高等),这些专业信息可用于后续的统计分析报表等工作,这仍然不是参数化。理由如下:

①用户自己不能定义对象(如一种新的门),这项工作必须通过 API 编程才能实现。

②用户不能定义对象之间的关系(如把两个对象组装起来变成一个新的对象)。

③非几何信息附着在图形实体(智能对象)上,几何信息和非几何信息本质上是分离的,因此需要专门的工作或工具来检查几何信息和非几何信息的一致性和同步性,当模型大到一定程度以后,这项工作实际上就慢慢变成了不可能。

2.参数化建模

图形由坐标确定,这些坐标可以通过若干参数来确定。例如,要确定一扇窗的位置,可以简单地输入窗户的定位坐标,也可以通过几个参数来定位,如果在某段墙的中间、窗台高度 900mm、内开,这样这扇窗在这个项目的生命周期中就与这段墙发生了永恒的关系,除非被重新定义,否则系统则把这种永恒的关系记录了下来。

参数化建模是用专业知识和规则(而不是几何规则,用几何规则确定的是一种图形生成方法)来确定几何参数和约束的一套建模方法,从宏观层面可以总结出参数化建模的如下几个特点:

(1)参数化对象是有专业性或行业性的,例如门、窗、墙等,而不是纯粹的几何图元(因此基于几何元素的 CAD 系统可以为所有行业所用,而参数化系统只能为某个专业或行业所用)。

(2)参数化对象(在这里就是建筑对象)的参数是由行业知识来驱动的。例如,门窗必须放在墙里面,钢筋必须放在混凝土里面,梁必须要有支撑等。

(3)行业知识表现为建筑对象的行为,即建筑对象对内部或外部刺激的反应,例如,层高变化引起楼梯的踏步数量自动变化等。

(4)参数化对象对行业知识广度和深度的反应模仿能力决定了参数化对象的智能化程度,也就是参数化建模系统的参数化程度。

从微观层面来说,参数化模型系统应该具备下列特点:

(1)可以通过用户界面(而不是像传统 CAD 系统那样必须通过 API 编程接口)

创建形体，以及对几何对象定义和附加参数关系和约束，创建的形体可以通过改变用户定义的参数值和参数关系进行处理。

（2）用户可以在系统中对不同的参数化对象（如一堵墙和一扇窗）之间施加约束。

（3）对象中的参数是显式的，这样某个对象中的一个参数可以用来推导其他空间上相关的对象的参数。

（4）施加的约束能够被系统自动维护（如两墙相交，缩短或增长以保持与之相交）。

（5）应该是3D实体模型。

（6）应该是同时基于对象和特征的。

3. BIM和参数化建模

BIM是一个创建和管理建筑信息的过程，而这个信息是可以互相利用和重复使用的。BIM系统应该具有以下几个特点：

（1）基于对象的。

（2）使用三维实体几何造型。

（3）具有基于专业知识的规则和程序。

（4）使用一个集成和中央的数据仓库。

从理论上说，BIM和参数化并没有必然联系，不用参数化建模也可以实现BIM，但从系统实现的复杂性、操作的易用性、处理速度的可行性、软硬件技术的支持性等几个角度综合考虑，就目前的技术水平和能力来看，参数化建模是BIM得以真正成为生产力的不可或缺的基础。

五、BIM 和 BLM

BLM是"Building Lifecycle Management"的缩写，中文名称为"建设工程生命周期管理"。BLM其实是制造业的产品生命周期管理（Product Lifecycle Managementt, PLM）在工程建设行业的改造应用，BIM也不例外。BLM严重依赖于BIM，没有BIM就没有BLM。

工程建设项目的生命周期主要由两个过程组成：一个是信息过程，另外一个是物质过程。施工开始以前的项目策划、设计、招投标的主要工作就是信息的生产、处理、传递和应用，施工阶段的工作重点虽然是物质生产（把房子建造起来），但是其物质生产的指导思想是信息（施工阶段以前产生的施工图及相关资料），同时伴随施工过程还在不断产生新的信息(材料、设备的明细资料等);使用(运营)阶段实际上也是一个信息指导物质使用(空间利用、设备维修保养等)和物质使用产生新的信息(空间租用信息、设备维修保养信息等)的过程。

在项目的任何阶段(如设计阶段),任何一个参与方(如结构工程师)在完成其专业工作时(例如结构计算),都需要和 BLM 系统进行交互使用。美国和英国的研究都认为 BLM 系统的真正实施可以减少项目 30%–35%的建设成本。下列条件将是 BLM 得以真正实现的基础:

1.需要支持项目参与方的快速和准确决策。因此这个信息一定是三维形象容易理解、不容易产生歧义的;对任何参与方返回的信息进行增加和修改时必须自动更新整个项目范围内所有与之相关联的信息,非参数化建模不足以胜任;需要支持项目任何参与方专业工作的信息需要,系统必须包含项目的所有几何、物理、功能等信息(这就是 BIM)。

2.对于数以百计甚至更多不同类型参与方各自专业的不同需要,没有一个单一软件可以满足所有参与方的所有专业需要,必须由多个软件分别完成整个项目开发、建设、使用过程中各种专门的分析、统计、模拟、显示等任务,因此软件之间的数据互用和交换必不可少。

3.建设项目的参与方来自不同的企业、不同的地域甚至讲不同的语言,项目开发和建设阶段需要持续若干年,项目的使用阶段需要持续几十年甚至上百年,如果缺少一个统一的协同作业和管理平台,其结果将无法想象。

六、BIM 和 VDC

VDC 是近年来又一个在工程建设行业流行的名词,其英文全称为 Virtual Design and Con-struction,即虚拟设计和建造。

1. VDC 的三个核心子项

VDC 选取了建设项目的三个核心子项来建立 VDC 项目模型。

(1) Product(产品):也就是项目要建设的设施,如房子、工厂等。

(2) Organization(组织):开发、设计、施工、运营上述产品的一组人,至少要包括业主、主设计方、主施工方、利用户四方面。

(3) Process(流程):组织遵守用来制造上述产品的活动和程序。

因此,VDC 项目模型又称 POP 模型,而且三者之间是互相集成的,改变其中一个子项,集成模型就可以改变相关联的其他子项。其基本原理可以描述为:

组织按照流程来制造产品，其约束条件就是用更好的质量、更短的工期、更低的造价实现产品功能，而这个目标只有在动态管理协调优化三者关系的基础上才能实现。例如，不管什么原因，一旦产品有了变化，相应的组织和流程必须做相应调整才能保证继续实现最好的项目管理综合目标，其他子项的变化也是如此。

由于使用传统的项目实施方法，所以上述三者之间都是单独进行管理的，这也是导致长期以来工程项目总体运作效率低下的主要原因之一。

2. VDC 子项的三个要责

对 VDC 每个子项中的内容都采用 Function（功能）—Form（形式）— Behavior（表现）三个要素进行表达和分析。

（1）Function（功能）：项目实施过程和成果必须满足业主或其他利益相关方的要求。例如，一个 100 个座位的礼堂，一个必须包括注册结构师的组织，一个包括若干校审里程碑的设计流程等。

（2）Form（形式）：为满足上述功能所进行的选择和决策。例如，一个特定的空间选择，一个设计、施工和施工计划之间的合同关系选择等。

（3）Behavior（表现）：产品、组织和流程根据上述选择预测和实际观察到的性能表现。例如，预测到的梁的挠度，承包商完成一个任务的实际工时，关键路径法计算的预计施工周期等。

3. VDC 的三个应用层次

VDC 的应用层次又称为 VDC 的成熟度，代表 VDC 应用的深度和广度，包括以下三个应用层次：

（1）Visualization（可视化）：这是 VDC 应用的第一个层次，即根据前面介绍的子项和要素方法建立起 3D 的产品模型，承担设计施工运营管理的组织模型，以及参与方实施项目所遵守的流程模型，项目参与方在这个模型上协同工作，根据计划表现和实际表现的比较对模型进行调整，这种保持各模型之间一致性工作的可能是由人工来实现的。

（2）Integration（一体化）：这是 VDC 应用的第二个层次，这个阶段的产品、组织、流程模型和分析计算软件之间的数据交换由软件来完成。

（3）Automation（自动化）：这是 VDC 应用的第三个层次，这个阶段的很多设计、施工任务可以由系统自动完成，传统的"设计—施工"或"设计—招标—施工"方法将逐步转变为"设计—预制—安装"方法，现场施工时间大大缩短。

4. BIM 和 VDC 的关系

研究和现实情况都充分表明，在项目实施过程中，一个参与方向另外一个参与方寻求信息或决策所需要的"等待时间"或"反应时间"是影响项目总体目标的关键因素之一，导致被咨询的员工没有及时反应的原因包括缺乏时间、知识、信息、授权或主动性等，其中缺乏该项目的知识和信息是最主要的技术因素。

显而易见，3D 模型比 2D 图纸容易理解。提供直观的产品模型、组织模型和流程模型供项目参与方迅速准确理解和决策是 VDC 有效实施的有力保障。

BIM 模型表达的是产品的组成部分以及它们的各种特性等，从这个意义上说可以把 BIM 和 VDC 的关系描述如下：

(1) BIM 是 VDC 的一个子集。

(2) 3D BIM 模型相当于 VDC 的产品模型。

(3) BIM 4D 应用相当于 VDC 的产品模型 + 流程模型。

七、BIM 和 GIS

GIS 的字面意思是地理信息系统（Geographic Information System）。任何技术归根结底都是为人类服务的，人类基本上就有两种生存状态：不是在房子里，就是在去房子的路上。抛开精确的定义，用最简单的概念进行划分，GIS 是管房子外面的设施（道路、燃气、电力、通信、供水），BIM（建筑信息模型）是管房子里面的设施（建筑、结构、机电）。在这里又要提一下 CAD 的定位：CAD 不是用来"管"的，而是用来"画"的，它既能画房子外面的设施，也能画房子里面的设施。

房子外面和房子里面的说法从更科学的角度去分析，似乎不是那么准确。维基百科这样定义 GIS: A geographic information system（GIS）, or geographical information system captures, stores, analyzes, manages, and presents data that is linked to location. 意思是说，GIS 系统是用来收集、存储、分析、管理和呈现与位置有关的数据。人类是生活在地球上一个一个具体的位置上的（就是去了月球也还是与位置有关），按照 GIS 的这个定义，GIS 应该是房子外面、房子里面都能管的，至少这是 GIS 的发展方向。

但是在 BIM 出现以前，GIS 始终只能待在房子外面，因为房子里面的信息是没有的。BIM 的应用使这个局面发生了根本性的改变，而且这个改变的影响是双向的。

1. 对 GIS 而言：由于 CAD 不能提供房子里面的信息，因此把房子画成一个实心的盒子是理所当然的。但是现在如果有人提供的不是 CAD 图，而是 BIM 模型的话，GIS 就不能把这些信息都丢弃，也不能用实心盒子代替房子。

2. 对 BIM 而言：房子是在已有的自然环境和人为环境中建设的，新建房子时需要考虑与周围环境和已有建筑物的相互影响，不能只管房子里面的事情，而房子外面的这些信息在 GIS 系统里早已经存在了，BIM 应该考虑如何利用这些 GIS 信息避免重复工作，从而建设新房子。

BIM 和 GIS 的集成和融合给人类带来的价值将是巨大的，方向也是明确的。但是从实现方法来看，无论在技术上还是管理上都还有许多需要讨论和解决的困难或挑战，但至少有一点是明确的，简单地在 GIS 系统中使用 BIM 模型或者在 BIM 模型中使用 GIS 系统，目前都还不是解决问题的根本办法。

八、BIM 和 RFID

RFID（Radio Frequency Identification，无线射频识别、电子标签）并不是什么新技术，在金融、物流、交通、环保、城市管理等很多行业都已经有广泛应用。例如，居民的二代身份证就使用了 RFID。

从目前的技术发展状况来看，RFID 还是物联网的基础元素，当然大家都知道还有一个比物联网更"美好"的未来——智慧地球。互联网把地球上任何一个角落的人和人联系起来，依靠的是人的智慧和学习能力，因为人有大脑。但是物体没有人脑，因此物体（包括动物，应该说除人类以外的任何物体）无法通过纯粹的互联网联系起来。而 RFID 作为某一个物体的带有信息的具有唯一性的证明，通过信息阅读设备和互联网联系起来，就成了人与物以及物与物相连的物联网。从这个意义来说，可以把 RFID 看作物体的"脑"。影响建设项目按时、按价、按质完成的因素，基本上可以分为以下两大类：

1. 由于设计和计划过程没有考虑到施工现场问题（如管线碰撞、可施工性差、工序冲突等），导致现场窝工、待工。这类问题可以通过建立项目的 BIM 模型进行设计协调和可施工性模拟，以及对施工方案进行 4D 模拟等手段，在计算机中把计划要发生的施工活动都虚拟地做一遍来解决。

2. 施工现场的实际进展和计划进展不一致，现场人员手工填写报告，管理人员不能实时得到现场信息，不到现场无法验证现场信息的准确度，导致发现问题和解决问题不及时，从而影响整体效率。BIM 和 RFID 的配合可以很好地解决这类问题。

BIM 没有出现以前，RFID 在项目建设过程中的应用主要限于物流和仓储管理，与 BIM 技术的集成能够让 RFID 发挥的作用大大超越传统的办公和财务自动化应用，直指施工管理中的核心问题——实时跟踪和风险控制。

RFID 负责信息采集工作，通过互联网传输到信息中心进行信息处理，经过处理的信息满足不同需求的应用。如果信息中心用 Excel 表或者关联数据库来处理 RFID 收集来的信息，那么这个信息的应用基本上就只能满足统计库存、打印报表等纯粹数据操作层面的要求；反之，如果使用 BIM 模型来处理信息，在 BIM 模型中建立所有产品部件的与 RFID 信息一致的唯一编号，那么这些产品部件的状态就可以通过 RFID、智能手机、互联网技术在 BIM 模型中实时地表示出来。

在没有 RFID 的情况下，施工现场的进展和问题都是依靠现场人员手动填写表格录入，再把表格信息通过扫描或录入方式报告给项目管理团队，这样的现场跟踪报告无法保证实时和准确。

在只使用 RFID 没有使用 BIM 的情况下，虽然可以实时报告产品部件的现状，但是这些产品部件包含了整个项目的哪些部分？有了这些产品部件，未来的施工还缺少其他的产品部件吗？是否有多余的产品部件过早到位而实际需要在现场积压比较长的时间呢？这些问题都不容易回答。

当 RFID 的现场跟踪与 BIM 的信息管理及表现结合在一起的时候，上述问题便会迎刃而解，产品部件的状况通过 RFID 的信息收集形成了 BIM 模型的 4D 模拟，现场人员对施工进度、重点部位、隐蔽工程等如有需要特别记录的部分，根据 RFID 传递的信息，把现场的照片资料等自动记录到 BIM 模型的对应的产品部件上，这样管理人员对现场发生的情况和问题就可以了如指掌。

表 2-4 简单列举了 BIM 和 RFID 在现场进度跟踪、质量控制等应用中的几种不同情况。

表 2-4　BIM 评价体系计分表

没有 BIM，没有 RFID	信息采集：手工填写、照相、扫描、录入 信息处理：DOC 文件、Excel 表格、图像、文件夹、数据库 信息应用：信息不及时、难查找、与项目进展没有关联，可以存档，不方便使用
没有 BIM，有 RFID	信息采集：RFID、智能手机、互联网自动采集 信息处理：DOC 文件、Excel 表格、图像、文件夹、数据库 信息应用：信息及时、难查找、与项目进展没有关联，用于采购管理、物流管理、库存管理等办公和财务自动化，信息可以存档，不方便使用

有 BIM， 没有 RFID	信息采集：手工填写、照相、扫描、录入 信息处理：BIM 模型 信息应用：信息不及时、易查找、与项目进展关联，记录的项目方便再次查找使用
有 BIM， 有 RFID	信息采集：RFID、智能手机、互联网自动采集 信息处理：BIM 模型 信息应用：信息及时、易查找、与项目进展关联，除了传统的办公和财务自动化应用外，还可用于施工现场实际进度和计划进度比较、材料设备动态管理、重点工程和隐蔽工程品质控制等

第六节 BIM 的特性

一、可视化

（一）设计可视化

设计可视化即在设计阶段建筑及构件以三维方式直观呈现出来。设计师能够运用三维思考方式有效地完成建筑设计，同时也使业主（或最终用户）真正摆脱了技术壁垒限制，随时可直接获取项目信息，大大减少了业主与设计师之间的交流障碍（图 2-6）。

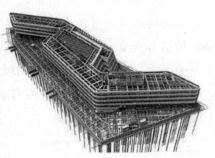

图 2-6　BIM 设计可视化

此外，BIM 还具有漫游功能，通过创建相机路径、动画或一系列图像，向客户进行模型动态展示。

（二）施工可视化

1.施工组织可视化。施工组织可视化即利用 BIM 模型和工具创建建筑设备模型、周转材料模型、临时设施模型等，以模拟施工过程，确定施工方案，进行施工组织。通过创建各种模型，可以在计算机中进行虚拟施工，使施工组织可视化（如图 2-7 所示）。

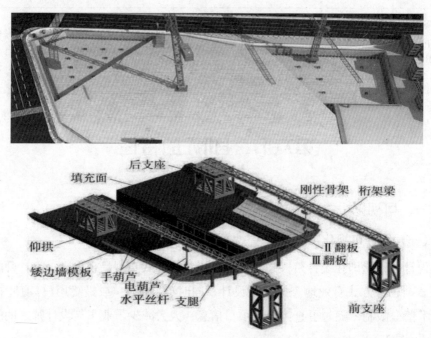

图 2-7　施工组织可视化

2.复杂构造节点可视化。复杂构造节点可视化即利用 BIM 的可视化特性将复杂的构造节点全方位呈现，如复杂的钢结构节点、幕墙节点等。如复杂钢结构节点的可视化应用，传统 CAD 图纸难以表示钢结构节点的空间连接形式，在BIM 中可以很好地展现节点的三维形态，甚至可以做成节点模型的动态视频，有利于施工和技术交底。

（三）设备可操作性可视化

设备可操作性可视化即利用 BIM 技术对建筑设备空间是否合理进行提前检验。某项目生活给水机房的 BIM 模型如图 2-8 所示，通过该模型可以验证设备房的操作空间是否合理，并对管道支架进行优化。通过制作工作集和设置不同施工的路线，可以制作多种设备安装动画，通过不断调整可以从中找出最佳的设备房安装位置和工序。与传统的施工方法相比，该方法更直观、清晰。

图 2-8　设备可操作性可视化图

（四）机电管线碰撞检查可视化

机电管线碰撞检查可视化即通过将各专业模型组装为一个整体 BIM 模型，从而使机电管线与建筑物的碰撞点以三维方式直观显示出来。在传统的施工方法中，检查管线碰撞的方式主要有两种：一是把不同专业的 CAD 图纸叠在一张图上进行观察，根据施工经验和空间想象力找出碰接点并加以修改；二是在施工的过程中边做边修改。这两种方法均费时费力，效率很低，而且出错率比较高，易造成返工和浪费。但在 BIM 模型中，可以提前在真实的三维空间中找出碰撞点，并由各专业人员在模型中调整好碰撞点或不合理处后再导出 CAD 图纸。

二、一体化

一体化指的是基于 BIM 技术可进行从设计到施工再到运营贯穿工程项目的全生命周期的一体化管理。BIM 的技术核心是一个由计算机三维模型所形成的数据库，这个数据库不仅包含了建筑师的设计信息，而且还包含了从设计到建成使用，甚至到使用周期终结的全过程信息。BIM 可以持续提供项目设计范围、进度以及成本信息，这些信息完整可靠并且完全协调。BIM 能在综合数字环境中保持信息不断更新并可提供访问，使建筑师、工程师、施工人员以及业主可以清楚全面地了解项目。这些信息在建筑设计、施工和管理的过程中能使项目质量提高，收益增加。BIM 的应用不局限于设计阶段，而是贯穿于整个项目全生命周期的各个阶段。BIM 在整个建筑行业从上游到下游的各个企业间不断完善，从而实现项目全生命周期的信息化管理，最大化地实现 BIM 的意义。

在设计阶段，BIM 使建筑、结构、给水排水、空调、电气等各个专业基于同一个模型进行工作，从而使真正意义上的三维集成协同设计成为可能。BIM 将整个设计整合到一个共享的建筑信息模型中，结构与设备、设备与设备间的冲突会直观地显现出来，工程师们可在三维模型中随意查看，并能准确查看到可能存在问题的地方，并及时调整，从而极大地避免了施工中的浪费，这在很大程度上促进了设计施工的一体化过程。在施工阶段，BIM 可以同步提供有关建筑质量、进度以及成本的信息。利用 BIM 可以实现整个施工周期的可视化模拟与可视化管理，帮助施工人员促进建筑的量化，迅速为业主制定展示场地使用情况或更新调整情况的规划，提高文档质量，改善施工规划。最终结果就是能将业主更多的施工资金投入建筑，而不是行政和管理中。此外，BIM 还能在运营管理阶段提高收益和成本管理水平，为开发商销售招商和业主购房提供极大的便利。

BIM 是一次信息革命，对工程建设设计施工一体化的各个环节必将产生深远的影响。这项技术已经可以清楚地表明其在协调设计，缩短设计与施工时间表，显著降低成本，保障工作场所的安全以及可持续的建筑项目方面所带来的整体利益。

三、参数化

参数化建模指的是通过参数（变量）而不是数字坐标建立和分析模型，简单地改变模型中的参数值就能建立和分析新的模型。这在上节中已经进行了一定的阐述。

BIM 的参数化设计分为两部分："参数化图元"和"参数化修改引擎"。"参数化图元"指的是 BIM 中的图元以构件的形式出现，这些构件之间的不同是通过参数的调整反映出来的，参数保存了图元作为数字化建筑构件的所有信息；"参数化修改引擎"指的是参数更改技术使用户对建筑设计或文档部分做的任何改动，都可以自动地在其他相关联的部分反映出来。在参数化设计系统中，设计人员根据工程关系和几何关系指定设计要求。参数化设计的本质是在可变参数的作用下，系统能够自动维护所有的不变参数。因此，参数化模型中建立的各种约束关系，正好体现了设计人员的设计意图。参数化设计可以大大提高模型的生成和修改速度。

四、仿真性

（一）建筑物性能分析仿真

建筑物性能分析仿真即基于 BIM 技术，建筑师在设计过程中赋予所创建的虚拟建筑模型大量建筑信息（几何信息、材料性能、构件属性等），然后将 BIM 模型导入相关性能分析软件，得到相应分析结果。这一性能使得原本 CAD 时代需要专业人士花费大量时间输入大量专业数据的过程能够自动轻松完成，从而大大缩短了工作周期，提高了设计质量，优化了为业主提供的服务。

性能分析主要包括能耗分析、光照分析、设备分析、绿色分析等。

（二）施工仿真

1. 施工方案模拟、优化。施工方案模拟优化指的是通过 BIM 可对项目重点及难点部分进行可建性模拟，按月、日、时进行施工安装方案的分析优化，验证复杂建筑体系（如施工模板、玻璃装配、锚固等）的可建造性，从而提高施工计划的可行性。对项目管理方而言，可直观了解整个施工安装环节的时间节点、安装工序及疑难点；而施工方也可进一步对原有安装方案进行优化和改善，以提高施工效率和施工方案安全性。

2. 工程量自动计算。BIM 模型作为一个富含工程信息的数据库，可真实地提供造价管理所需的工程量数据。基于这些数据信息，计算机可快速对各种构件进行统计分析，大大减少了烦琐的人工操作和潜在错误，实现了工程量信息与设计文件的统一。通过 BIM 所获得的准确的工程量统计，可用于设计前期的成本估算、方案比选、成本比较，以及开工前预算和竣工后决算。

3. 消除现场施工过程干扰或施工工艺冲突。随着建筑物规模和使用功能复杂程度的增加，设计方、施工方甚至业主，对于机电管线综合的出图要求愈加强烈。利用 BIM 技术通过搭建各专业 BIM 模型，设计师能够在虚拟三维环境下快速发现并及时排除施工中可能遇到的碰撞冲突，显著减少由此产生的变更及浪费，大大提高施工现场的作业效率，降低因施工协调造成的成本增长和工期延误。

4. 施工进度模拟。施工进度模拟即通过连接 BIM 与施工进度计划，把空间信息与时间信息整合在一个可视的 4D 模型中，直观、精确地反映整个施工过程。当前建筑工程项目管理中常以甘特图表示进度计划，虽然专业性强，但可视化程度低，无法清晰描述施工进度以及各种复杂关系（尤其是动态变化过程）。而通过基于 BIM 技术的施工进度模拟可直观、精确地反映整个施工过程，进而缩短工期、降低成本、提高质量。

（三）运维仿真

1.设备的运行监管。设备的运行监控即采用 BIM 技术实现对建筑物设备的搜索、定位、信息查询等功能。在运维 BIM 模型中，在对设备信息集成的前提下，运用计算机对 BIM 模型中的设备进行操作，可以快速查询设备的所有信息，如生产厂商、使用寿命期限、联系方式、运行维护情况以及设备所在位置等。通过对设备运行周期的预警管理，可以有效防止事故的发生，利用终端设备和二维码、RFID 技术，迅速对发生故障的设备进行检修。

2.能源运行管理。能源运行管理即通过 BIM 模型对租户的能源使用情况进行监控与管理，赋予每个能源使用记录表以传感功能，在管理系统中及时做好信息的收集处理，通过能源管理系统对能源消耗情况自动进行统计分析，并且可以对异常使用情况进行警告。

3.建筑空间管理。建筑空间管理即基于 BIM 技术，业主通过三维可视化可直观地查询定位每个租户的空间位置以及租户的信息，如租户名称、建筑面积、租约区间、租金情况、物业管理情况；还可以实现租户的各种信息的提醒功能，同时根据租户信息的变化，实现对数据的及时调整和更新。

五、协调性

"协调"一直是建筑业工作的重点内容，不管是施工单位还是业主及设计单位，都在做着协调及相配合的工作。基于 BIM 进行工程管理，有助于工程各参与方进行组织协调工作。通过 BIM 建筑信息模型可在建筑物建造前期对各专业的碰撞问题进行协调，生成并提供协调数据。

1.设计协调。设计协调指的是通过 BIM 三维可视化控件及程序自动检测，可对建筑物内机电管线和设备进行直观布置和模拟安装，检查是否有碰撞，找出问题所在及矛盾冲突之处，还可调整楼层净高、墙柱尺寸等，从而有效解决传统方法容易造成的设计缺陷，提升设计质量，减少后期修改，降低成本及风险。

2. 整体进度规划协调。整体进度规划协调指的是基于 BIM 技术,对施工进度进行模拟,同时根据经验和知识进行调整,极大地缩短施工前期的技术准备时间,并帮助各类各级人员更好地理解设计意图和施工方案。以前施工进度通常是由技术人员或管理层决定的,容易出现下级人员信息断层的情况,如今,BIM 技术的应用使得施工方案更高效、更完美。

3. 成本预算、工程量估算协调。成本预算、工程量估算协调指的是应用 BIM技术为造价工程师提供各设计阶段准确的工程量、设计参数和工程参数,这些工程量和参数与技术经济指标相结合,可以进行准确的估算、概算,再运用价值工程和限额设计等手段对设计成果进行优化。同时,基于 BIM 技术生成的工程量不是简单的长度和面积的统计,专业的 BIM 造价软件可以进行精确的 3D 布尔运算和实体减扣,从而获得更符合实际的工程量数据,并且可以自动形成电子文档进行交换、共享、远程传递和永久存档。其在准确率和速度方面都比传统统计方法有很大的提高,有效降低了造价工程师的工作强度,提高了工作效率。

4. 运维协调。BIM 系统包含了多种信息,如厂家价格信息、竣工模型、维护信息、施工阶段安装深化图等,BIM 系统能够把成堆的图纸、报价单、采购单、工期图等统筹在一起,呈现出直观、实用的数据信息,基于这些信息可以进行运维协调。

运维管理主要体现在以下几方面:

(1)空间协调管理。首先,空间管理应用于照明、消防等各系统和设备的空间定位。业主应用 BIM 技术可获取各系统和设备空间的位置信息,把原来编号或者文字表示变成三维图形位置,直观形象且方便查找,如通过 RFID 获取大楼的安保人员位置。其次,BIM 技术可应用于内部空间设施可视化,利用 BIM 建立一个可视三维模型,所有数据和信息可以从模型中获取调用,如装修的时候,可快速获取不能拆除的管线、承重墙等建筑构件的相关属性。

(2)设施协调管理。设施协调管理主要体现在设施的装修、空间规划和维护操作上。BIM 技术能够提供关于建筑项目的协调一致的、可计算的信息,该信息可用于共享并且能够重复使用,从而降低业主和运营商由于缺乏相互操作而导致的成本损失。基于 BIM 技术还可对重要设备进行远程控制,把原来商业地产中独立运行的各设备通过 RFID 等技术汇总到统一的平台上进行管理和控制。通过远程控制,可充分了解设备的运行状况,为业主更好地进行运维管理提供良好条件。

（3）隐蔽工程协调管理。基于 BIM 技术的运维可以管理复杂的地下管网，如污水管、排水管、网线、电线以及相关管井，并且可以在图上直接获得相对位置关系。当改建或二次装修的时候可以避开现有管网位置，便于管网维修、更换设备和定位。内部相关人员可以共享这些电子信息，有变化可随时调整，保证信息的完整性和准确性。

（4）应急管理协调。通过 BIM 技术的运维管理可以对突发事件进行预防、警报和处理。以消防事件为例，该管理系统可以通过喷淋感应器感应信息；如果发生火灾，商业广场的 BIM 信息模型界面就会自动触发火警警报；对火灾区域的三维位置和房间立即进行定位显示；控制中心可以及时查询相应的周围环境和设备情况，为及时疏散人群和处理灾情提供重要信息。

（5）节能减排管理协调。通过 BIM 结合物联网技术的应用，使得日常能源管理监控变得更加方便。安装具有传感功能的电表、水表、煤气表后，可以实现建筑能耗数据的实时采集、传输、初步分析、定时定点上传等基本功能，并具有较强的扩展性。系统还可以实现室内温湿度的远程监测，分析房间内的实时温湿度变化，配合节能运行管理。在管理系统中可以及时收集所有能源信息，并且通过开发的能源管理功能模块，对能源消耗情况进行自动统计分析，如各区域、各户主的每日用电量、每周用电量等，并对异常能源使用情况进行警告或者标识。

六、优化性

整个设计、施工、运营的过程，其实就是一个不断优化的过程，没有准确的信息是做不出合理优化结果的。BIM 模型提供了建筑物存在的实际信息，包括几何信息、物理信息、规则信息，还提供了建筑物变化以后的实际存在信息。BIM 及与其配套的各种优化工具提供了对复杂项目进行优化的可能：把项目设计和投资回报分析结合起来，计算出设计变化对投资回报的影响，使得业主知道哪种项目设计方案更有利于自身的需求，对设计施工方案进行优化，可以带来显著的工期和造价改进。

七、可出图性

运用 BIM 技术，除了能够进行建筑平、立、剖及详图的输出外，还可以出碰撞报告及构件加工图等。

（一）碰撞报告

通过将建筑、结构、电气、给水排水、暖通等专业的 BIM 模型整合后，进行管线碰撞检测，可以导出综合管线图 (经过碰撞检查和设计修改，消除了相应错误以后)、综合结构留洞图 (预埋套管图)、碰撞检查报告和建议改进方案。

1. 建筑与结构专业的碰撞。建筑与结构专业的碰撞主要包括建筑与结构图纸中的标高、校、剪力墙等的位置是否不一致等。

2. 设备内部各专业碰撞。设备内部各专业碰撞内容主要是检测各专业与管线的冲突情况。

3. 建筑、结构专业与设备专业碰撞。建筑专业与设备专业的碰撞，如设备与室内装修碰撞；结构专业与设备专业的碰撞，如管道与梁柱冲突等。

4. 解决管线空间布局。基于 BIM 模型可调整解决管线空间布局问题，如机房过道狭小、各管线交叉等问题。

（二）构件加工指导

1. 生成构件加工图。通过 BIM 模型对建筑构件的信息化表达，可在 BIM 模型上直接生成构件加工图，不仅能清楚地传达传统图纸的二维关系，而且对于复杂的空间剖面关系也可以清楚表达，同时还能够将离散的二维图纸信息集中到一个模型当中，这样的模型能够更加紧密地实现与预制工厂的协同和对接。

2. 构件生产指导。在生产加工过程中，BIM 信息化技术可以直观地表达出配筋的空间关系和各种参数情况，能自动生成构件下料单、派工单、模具规格参数等生产表单，并且能通过可视化的直观表达帮助工人更好地理解设计意图，可以形成 BIM 生产模拟动画、流程图、说明图等辅助培训的材料，有助于提高工人生产的准确性和质量效率。

3. 实现预制构件的数字化制造。借助工厂化、机械化的生产方式，采用集中、大型的生产设备，将 BIM 信息数据输入设备，就可以实现机械自动化生产，这种数字化建造的方式可以大大提高工作效率和生产质量。例如，现在已经实现了钢筋网片的商品化生产，符合设计要求的钢筋在工厂自动下料、自动成形、自动焊接 (绑扎)，形成标准化的钢筋网片；对钢结构而言，如 TEKLA 模型数据可以直接导入数控机床进行构件和节点的加工。

八、信息完备性

信息完备性体现在 BIM 技术上就是可对工程对象进行 3D 几何信息和拓扑关系的描述以及完整的工程信息描述，如对象名称、结构类型、建筑材料、工程性能等设计信息，施工工序、进度、成本、质量以及人力、机械、材料资源等施工信息，工程安全性能、材料耐久性能等维护信息，对象之间的工程逻辑关系等。

第七节　BIM 的信息互用

在过去的近 50 年里，全球范围内的机械制造、汽车、航天航空等非农业行业已经极大地提高了效率，生产效率几乎翻了一番。与此形成鲜明对比的是，建筑业的生产效率不但没有增长，反而实际在下降。造成建筑业生产效率低下的原因有很多，如割裂的行业结构、不同项目参与方交流信息时的信息流失、信息意义不明确、过分注重初始建设成本等。在以上诸多原因中，大都与一个问题有关，即信息互用问题。

一、建筑业的信息互用难题

所谓信息互用，是指在项目建设过程中项目参与方之间、不同应用系统工具之间对项目信息的交换和共享。互用是协调与合作的前提和基础，对项目的进展会产生重要的影响。工程项目的信息互用效率一直是个行业难题，因为建设工程项目的信息具有如下主要特点：

1. 信息类型复杂。一个工程项目的规划、设计、建设、运营涉及业主、用户、政府主管部门、建筑师等几十类、成百上千家参与方和利益相关方，每个项目参与方会使用不同的专业软件来协助他们完成特定的工作。由于每个软件都有自己专用的数据格式，因而随着项目的进行，会产生成百上千种不同格式的文件储存在一个或多个项目数据库中。

2. 信息来源广泛、存储分散。建设项目信息来自业主、设计、施工承包、监理、供应商等单位；来自可行性研究、设计、招标投标、施工、运营维护等项目阶段；来自建筑、结构、给水排水、暖通、强弱电等各个专业；来自质量控制、投资控制、进度控制、合同管理等项目管理各个方面。

3. 信息数量庞大。随着工程项目的进展，项目信息的数量不断增加，一个大型工程项目在实施全过程中将产生庞大的信息量。

项目各参与方、各软件系统之间信息沟通和交流的有效性和效率对工程项目的成功实施至关重要。工程项目中的每个参与方都可能成为信息的提供者，大量的项目信息存储在信息提供者自己的信息系统中，由于信息的形式和格式的不同，无法与其他参与方分享，造成了信息流失、信息孤岛等问题，这就是建筑业的信息互用难题。解决信息互用难题，改进信息互用效率对提高建筑业的生产效率至关重要。

二、信息互用困难产生的成本

信息互用困难给建设项目带来的是成本增加和工期延误等问题，工程项目信息的特性给各项目参与方之间的信息交流和管理带来了极大的困难，导致了项目各阶段交接和转换过程中的大量信息流失和重复工作。

美国麦格劳—希尔建筑信息公司的一份关于建筑业信息互用问题的报告指出，互用困难而产生的主要成本有如下三条：

1. 在应用软件之间需手动重新记录数据；

2. 复制软件所花费的时间；

3. 文件版本检查而损失的时间。

根据该报告的调查结果显示，数据互用性不足给整个项目平均带来了3.1%的成本增加和3.3%的工期延误。

三、建筑业信息的形式和格式

要解决当前的建筑业信息互用难题，必须对建筑业信息的特性有一个系统的理解。一个建设项目的完成需要使用成百上千种软件，不同的软件使用不同的信息存储格式。在实际工作中每天也会碰到很多不同形式和格式的信息，如 Word 文件、Excel 文件、Powerpoint 文件、ms project 文件、DWG、DXF、DGN、3DS、JPG、WMV、IFC、GIS/2 等。建立、修改、使用、保存不同的信息有不同的特点：Word 文件描述能力强，Excel 文件计算能力强，DWG 效率高但适用范围受软件限制，DXF 效率低但适用范围更广。下面从格式和形式上将信息进行分类。

（一）非结构化形式

非结构化形式信息的特点就是解释信息内容或者检查信息质量的唯一途径就是人工阅读，计算机没有办法自动理解和处理。目前以电子形式创建和管理的建设项目信息比例越来越大，包括合同、备忘录、成本预算、采购订单、图纸、校审记录、设计变更、施工计划等，这类信息大部分都没有一个正式的结构。

虽然非结构化形式的信息也可以在多个软件产品之间兼容，但是从理论上来说，这类非结构化信息无法被机器真正地解释，信息的接收方必须安排人力来解释这些数据。图层管理是一个很好的例子，一个项目的项目成员可以在图层上使用某种标准请各方遵守，从表面上看起来这样的 CAD 文件具有了某种结构，但事实绝非如此。由于这种结构不是内置的，软件用户完全可以把一个家具放在墙体的图层上。显而易见，在此基础上的工程量统计一定会出错。因此非结构化信息可以用来"参照"，如果要"直接使用"就必须十分小心。

（二）结构化形式

有些软件，特别是 BIM 建模工具，创建的结构化形式的信息可以被计算机直接解释。结构化形式信息的优点是可以提高生产效率，减少错误，可以直接使用计算机工具对这类信息进行管理、使用和检查。

要想降低每一次信息提交给其他人员做进一步应用时接收方处理和解释信息的成本，那么必须使用结构化信息。结构化信息是实现高度设计优化、供应链效率提高、下游运营维护应用不需要额外成本就能够使用设计施工过程中收集的信息的关键。

（三）专用格式

由某个特定软件定义和拥有的数据格式就是一种专用格式，大部分软件使用专用格式信息。因为是某个软件的专用格式，因此任何时候软件厂商都可以自行修改这个格式，如果这件事情发生，那么以原来格式存档的数据在新版本的软件中就不能使用了。同时，软件厂商也可以停止输出某类数据格式软件的商业运作，这些情况都会造成相应专用数据格式的无法使用。经常碰到的情况是：某个用户机构使用一个专门的应用软件从而要求以那个软件的专用格式储存信息，这种方法提供了信息创建软件产生的信息被重复利用的可能，但也限制了信息被其他机构或应用软件使用的能力，以及该信息创建软件被替换后这些信息被使用的能力。

专用格式信息既可以是结构化形式也可以是非结构化形式的信息，例如 BIM 建模软件创建的就是专用格式的结构化形式的信息。由于 BIM 软件产生的是富含信息的模型，因此越来越多的平行流程或后续流程有可能重复利用这些信息，这个时候的专用格式信息如果碰到上述情形，就会出现问题。但是在同一个软件厂商的不同产品之间，专用格式的信息交换最快、最容易，也最可靠。使用专用格式支持设计、施工阶段发生的反复多次的数据交换是一种合适的选择，尤其是当这种信息交换需要双向进行的时候。

（四）标准格式

标准格式有两类，一类称为事实标准，另一类称为法律标准。标准格式对于需要长期存档的任何数据来说都应该是首选的格式。

1. 事实标准格式。事实标准是指由一个软件厂商研制并公开发行，然后取得其他厂商和产品支持的标准。其中一个最典型的事实标准例子就是 DXF，自从这个格式公布以后，任何人都可以编写软件访问用此格式存储的信息；任何机构都可以保证其信息可以被重新读取。但 Autodesk 已经决定不再扩展 DXF 格式以包含其完整的产品数据结构，可以预计，读写 DXF 的商业软件将越来越少，而且 DXF 格式也不会扩展到 BIM 对象。

2. 法律标准格式。法律标准是指由标准研发组织（如国际标准化组织 ISO、build-ingSMART 组织、开放地理空间协会 OGC 等）开发和维护的标准。

法律标准格式信息除了具备使用寿命长的优势以外，其依靠共识和投票的研发过程通常考虑了众多机构的信息使用需求，因此法律标准格式具有更强的适应性和可用性，同时其特殊的研发过程也保证了更多的机构有兴趣使用这类标准。因此，一个软件厂商的单方面决定不会停止对这类标准的支持和扩展。法律标准格式的不足之处是共识研发过程的速度太慢，这已经成为 BIM 标准的一个特别问题了。

（五）不同形式和格式信息的特点

上述不同形式和格式的信息在使用过程中的特点如图 2-9 所示。其中，格式决定信息可以保存、传递、使用的寿命。一般来说，标准格式比专用格式信息的寿命长。形式决定信息可重复利用的能力，当然，结构化形式比非结构化形式的信息可重复利用的能力要强。

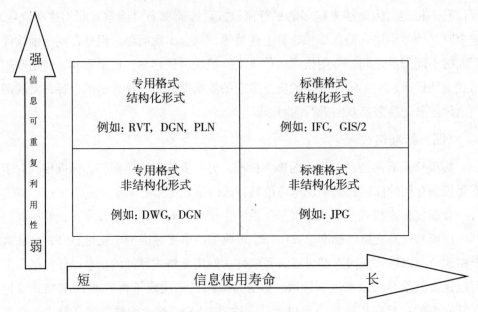

图 2-9　信息使用寿命和可重复性示意图

四、BIM 信息传递和作用的方式

BIM 是一个富含项目信息的三维或多维建筑模型，在项目的全寿命周期内使用 BIM 被认为是解决目前建筑业信息互用效率低下的有效途径，高效的信息互用是 BIM 的核心价值所在。美国标准和技术研究院在"信息互用问题给固定资产行业带来的额外成本增加"的研究中对信息互用定义如下：协同企业之间或者一个企业内设计、施工、维护和业务流程系统之间管理和沟通电子版本的产品和项目数据的能力称为信息互用。下面分别从软件用户和软件本身两个角度来介绍 BIM 信息传递和作用的方式：

（一）从软件用户角度看

不管是企业之间还是企业内不同系统之间的信息互用，归根结底都是不同软件之间的信息互用。不同软件之间的信息互用尽管实现的语言、工具、格式、手段等可能不尽相同，但是从软件用户的角度去分析，其基本方式只有双向直接互用、单向直接互用、中间翻译互用和间接互用四种。

1. 双向直接互用。双向直接互用即两个软件之间的信息可相互转换及应用。这种信息互用方式效率高、可靠性强，但是实现起来也受到技术条件和水平的限制。

BIM 建模软件和结构分析软件之间信息互用是双向直接互用的典型案例。在建模软件中可以把结构的几何、物理、荷载信息都包含进来，然后把所有信息都转换到结构分析软件中进行分析，结构分析软件会根据计算结果对构件尺寸或材料进行调整以满足结构安全需要，最后把经过调整修改后的数据转换回原来的模型中去，合并以后形成更新的 BIM 模型。

实际工作中，在条件允许的情况下，应尽可能选择双向信息互用方式。双向直接互用举例如图 2-10 所示。

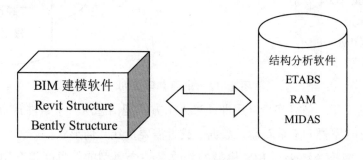

图 2-10　双向直接互用

2. 单向直接互用。单向直接互用即数据可以从一个软件输出到另外一个软件，但是不能转换回来。典型的例子是 BIM 建模软件和可视化软件之间的信息互用，可视化软件利用 BIM 模型的信息做好效果图以后，不会把数据返回到原来的 BIM 模型中去。

单向直接互用的数据可靠性强，但只能实现一个方向的数据转换，这也是实际工作中建议优先选择的信息互用方式。单向直接互用举例如图 2-11 所示。

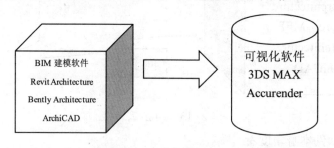

图 2-11　单向直接互用

3. 中间翻译互用。中间翻译互用即两个软件之间的信息互用需要依靠一个双方都能识别的中间文件来实现。这种信息互用方式容易造成信息丢失、改变等问题，因此在使用转换后的信息以前，需要对信息进行校验。

例如，DWG 是目前最常用的一种中间文件格式，典型的中间翻译互用方式是设计软件和工程算量软件之间的信息互用，算量软件利用设计软件产生的 DWG 文件中的几何和属性信息，建立算量模型并进行工程量统计。其信息互用的方式举例如图 2-12 所示。

图 2-12　中间翻译互用

4. 间接互用。信息间接互用即通过人工方式把信息从一个软件转换到另外一个软件，有时需要人工重新输入数据，或者需要重建几何形状。

根据碰撞检查结果对 BIM 模型的修改是一个典型的信息间接互用方式，目前大部分碰撞检查软件只能把有关碰撞的问题检查出来，而解决这些问题需要专业人员根据碰撞检查报告在 BIM 建模软件里进行人工调整，然后输出到碰撞检查软件里重新检查，直到问题彻底更正（图 2-13）。

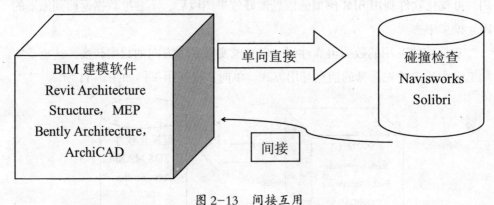

图 2-13　间接互用

（二）从软件本身角度看

在实际工程项目中，用户经常遇到所用软件提供的信息互用功能无法满足需求，现有信息互用精确性不足、功能不齐全等情况。同时，也有很多建筑企业希望能够为客户提供更加强大的、具有自身特色的 BIM 信息互用解决方案。这个时候就需要从软件本身(或者说是软件开发者)的角度理解 BIM 信息互用的方式。从本质上来说，两个建筑行业软件之间的数据交换可以采用下列四种方式中的一种。

1. 直接交换方式。直接交换方式中一个软件本身集成了与另一个软件的信息互换模块，可直接读取或输出另一个软件的专用格式文件。这种信息互换方式是在软件运行状态下，在软件后台直接进行的数据交换，它可以是单向或双向的。目前的 BIM 软件大都包含了自身的应用程序接口，使第三方开发人员可以集成这些 BIM 软件与其应用程序，并且允许用户访问软件内部的数据库，创建内部对象，增加新的命令等。例如，Revit Architecture 和 Revit Structure 的 Revit API、ArchiCAD 的 GDL 语言和 Microstation 的 MDL 语言等，它们都是基于 C 语言、C++ 等编程语言开发而来的。

直接互换是软件商最乐于使用的信息互用方式。其优点在于软件商可以保证这种方式的信息互用的高效性和准确性，但其缺点也十分明显，当相互之间需要进行信息互换的软件达到一定数量时，这种方式的信息互换成本会成几何级数增加。只要有一个软件的数据模型改变了(版本升级等原因)，所有软件与该软件的接口都必须进行更新。

2. 采用专用中间文件格式。专用中间文件格式是一个由软件厂商研制并公开发行的，用于其他厂商软件与该厂商软件之间的专用数据交换格式。与前述直接互换方式在软件后台直接进行数据交换不同，采用专用中间格式的信息互换需要先将信息转存到一个可读的文档格式。在建筑行业领域中一个最典型的专用中间文件格式就是 Autodesk 公司开发的 DXF 格式，其他的专用中间文件格式还有 IGES 格式、SAT 格式、3DS 格式等。

专用中间文件格式开发厂商的产品用户数量决定了这些专用中间文件格式被使用的广泛程度。一些市场占有率较高的软件厂商开发的专用中间文件格式成为行业中的"事实标准格式"而被广泛采用，但是，由于这些文件格式都是根据某厂商的特殊需求而被开发出来的，因此它们在功能上不具有完整性。通常来说，专用中间文件格式只能传递建筑的几何信息。

3. 采用公共产品数据模型格式。由于专用中间文件格式具有局限性，也容易造成行业垄断，建筑从业人员希望能有一个公共的、开放的、国际性的中间文件格式来解决建筑业的信息互换难题。随着 BIM 的高速发展，出现了以 IFC

（Industry Foundation Classes，工业基础类）和 GIS/2（CIMsteel Integration Standards Release2）为代表的公共产品数据模型格式，这些数据格式具有公共性、开放性和国际性的特点。

公共产品数据模型格式是基于三维对象的数据表达格式，对 BIM 技术的应用尤为重要，该格式既可以描述建筑构件对象的三维几何形状，也可以描述这些构件的属性，并有效地将构件属性和构件几何信息联系起来。

IFC 是目前最受建筑行业广泛认可的国际性公共产品数据模型格式标准，本书将在后面章节对 IFC 标准进行重点介绍。

4. 采用基于 XML 的交换格式。另一种软件信息互用格式是采用 XML（eXtensible Markup Language，可扩展标记性语言）。XML 是网络环境中跨平台的、依赖于内容的技术，是当前处理结构化文档信息的有力工具。使用 XML，用户可自定义需要交换的数据结构，这些结构的集合体组成了一个 XML 的 Schema，不同的 XML Schema 可以实现不同软件之间的数据交换。

基于 XML Schema 信息互用方式在进行少量的或特定的数据交换时优势十分明显。因此，在一些小的项目或者特定的项目中需要数据交换的时候，只需要定义这些领域需要的 XML Schema，就可以实现软件之间的数据交换。

第八节　BIM 的发展趋势

一、BIM 技术的深度应用趋势

（一）BIM 技术与绿色建筑

绿色建筑是指在建筑的全寿命周期内，最大限度地节约资源，节能、节地、节水、节材、保护环境和减少污染，提供健康适用、高效使用、与自然和谐共生的建筑。

BIM 最重要的意义在于它重新整合了建筑设计的流程，其所涉及的建筑生命周期管理（BLM），又恰好是绿色建筑设计关注和影响的对象。真实的 BIM 数据和丰富的构件信息给各种绿色分析软件以强大的数据支持，确保了结果的准确性。BIM 的某些特性（如参数化、构件库等）使建筑设计及后续流程针对上述分析的结果能有非常及时和高效的反馈。绿色建筑设计是一个跨学科、跨阶段的综合性设计过程，而 BIM 模型刚好顺应需求，实现了单一数据平台上各个工种的协调设计和数据集中。BIM 的实施能将建筑各项物理信息分析从设计后期显著提前，有助于建筑师在方案设计阶段甚至概念设计阶段就开始进行绿色建筑相关的决策。

另外，BIM 技术提供了可视化的模型和精确的数字信息统计，将整个建筑的建造模型摆在人们面前，立体的三维感增加了人们的视觉冲击和图像印象。绿色建筑则是根据现代的环保理念提出的，主要运用高科技设备利用自然资源，实现人与自然的和谐共处。基于 BIM 技术的绿色建筑设计应用主要通过数字化的建筑模型、全方位的协调处理以及环保理念的渗透三方面来进行，实现绿色建筑的环保和节约资源的原始目标对整个绿色建筑的设计有很大的辅助作用。

因此，结合 BIM 进行绿色设计已经是一个受到广泛关注和认可的系统性方案，也使绿色建筑事业进入了一个崭新的时代。

（二）BIM技术与信息化

信息化是指培养、发展以计算机为主的智能化工具为代表的新生产力，并使之造福于社会的历史过程。智能化生产工具与过去生产力中的生产工具是不一样的，它不是一个孤立分散的工具，而是一个具有庞大规模的、自上而下的、有组织的信息网络体系。这种网络性生产工具正在改变人们的生产方式、工作方式、学习方式、交往方式、生活方式和思维方式等，使人类社会发生了极其深刻的变化。

随着我国国民经济信息化进程的加快，建筑业信息化已经被提上了议事日程。住房和城乡建设部明确指出"建筑业信息化是指运用信息技术，特别是计算机技术和信息安全技术等，改造和提升建筑业技术手段和生产组织方式，提高建筑企业经营管理水平和核心竞争力，提高建筑业主管部门的管理决策和服务水平"。建筑业的信息化是国民经济信息化的基础之一，而管理的信息化又是实现全行业信息化的重中之重。因此，利用信息化改造建筑工程管理，是建筑业健康发展的必由之路。但是，我国建筑工程管理信息化无论从思想认识上，还是在专业推广中都还不成熟，仅有部分企业不同程度地、孤立地使用信息技术的某一部分，并没有实现信息的共享、交流与互动。

利用 BIM 技术对建筑工程进行管理，独力搭建 BIM 平台，组织业主、监理、设计、施工等多个利益相关方，进行工程建造的集成管理和寿命周期管理。BIM 系统是一种全新的信息化管理系统，目前正越来越多地应用于建筑行业中。它要求参建各方在设计、施工、项目管理、项目运营等各个过程中将所有信息整合在统一的数据库中，通过数字信息仿真模拟建筑物所具有的真实信息，为建筑的全生命周期管理提供平台。在整个系统的运行过程中，要求业主方、设计方、监理方、总包方、分包方、供应方等进行多渠道和多方位的协调，并通过网上文件管理协同平台进行日常维护和管理。BIM 是新兴的建筑信息化技术，同时也是未来建筑技术发展的大趋势。

（三）BIM技术与EPC

EPC 工程总承包（Engineering Procurement Construction）是指工程总承包企业按照合同约定，承担工程项目的设计、采购、施工、试运行服务等工作，并对承包工程的质量、安全、工期、造价等全面负责，它以实现"项目功能"为最终目标，是我国目前推行总承包模式中最主要的一种模式。与传统设计和施工分离承包模式相比，业主方能够摆脱工程建设过程中的杂乱事务，避免人员与资金的浪费；总承包商能够有效减少工程变更、争议、纠纷和索赔的耗费，使资金、技术、管理各个环节衔接更加紧密；同时更有利于提高分包商的专业化程度，从而体现EPC 工程总承包方式的经济效益和社会效益。因此，EPC 总承包越来越受发包人、投资者欢迎，也被政府有关部门所看重并大力推行。

近年来，随着国际工程承包市场的发展，EPC 总承包模式得到越来越广泛的应用。对技术含量高、各部分联系密切的项目，业主往往更希望由一家承包商完成项目的设计、采购、施工和试运行。大型工程项目多采用 EPC 总承包模式，给业主和承包商带来了可观的便利和效益，同时也对项目管理程序和手段，尤其是项目信息的集成化管理提出了新的、更高的要求，因为工程项目建设的成功与否在很大程度上取决于项目实施过程中参与各方之间信息交流的透明性和时效性。工程管理领域的许多问题，如成本的增加、工期的延误等都与项目组织中的信息交流问题有关。传统工程管理组织中信息内容的缺失、扭曲以及传递过程的延误和信息获得成本过高等问题严重阻碍了项目参与各方的信息交流和沟通，也给基于 BIM 的工程项目管理提供了广阔的空间。把 EPC 项目生命周期中所产生的大量图纸、报表数据融入以时间、费用为维度进展的 4D、5D 模型中，利用虚拟现实技术辅助工程设计、采购、施工、试运行等诸多环节，整合业主、EPC 总承包商、分包商、供应商等各方的信息，增强项目信息的共享和互动，不仅是必要的而且是可能的。

与发达国家相比，中国建筑业的信息化水平还有待提高。根据中国建筑业信息化存在的问题，结合今后的发展目标及重点，住房和城乡建设部印发的《2016-2020 年建筑业信息化发展纲要》明确提出，中国建筑业信息化的总体目标为："十三五时期，全面提高建筑业信息化水平，着力增强 BIM、大数据、智能化、移动通信、云计算、物联网等信息技术集成应用能力，建筑业数字化、网络化、智能化取得突破性进展，初步建成一体化行业监管和服务平台，数据资源利用水平和信息服务能力明显提升，形成一批具有较强信息技术创新能力和信息化应用达到国际先进水平的建筑企业及具有关键自主知识产权的建筑业信息技术企业。"相比于"十二五"期间提出的建筑业信息化发展纲要，对 BIM 及建筑信息化的发展提出了更高的要求，这也说明我国建筑业的信息化水平也在逐步提高中，与世界发达国家之间的差距正在逐渐缩小。

（四）BIM技术与物联网

BIM 与物联网集成应用，实质上是建筑全过程信息的集成与融合。BIM 技术发挥上层信息集成、交互、展示和管理的作用，物联网技术则承担底层信息感知、采集、传递、监控的功能。二者集成应用可以实现建筑全过程"信息流闭环"，实现虚拟信息化管理与实体环境硬件的有机融合。目前 BIM 在设计阶段应用较多，并开始向建造和运维阶段应用延伸。物联网应用目前主要集中在建造和运维阶段，二者集成应用将会产生极大的价值。

在工程建设阶段，二者集成应用可提高施工现场安全管理能力，确定合理的施工进度，支持有效的成本控制，提高质量管理水平。例如，临边洞口防护不到位、部分作业人员高处作业不系安全带等安全隐患在施工现场无处不在，基于 BIM 的物联网应用可实时发现这些隐患并报警提示。高空作业人员的安全帽、安全带、身份识别牌上安装的无线射频识别，可在 BIM 系统中实现精确定位，如果作业行为不符合相关规定，身份识别牌与 BIM 系统中相关定位会同时报警，管理人员可精准定位隐患位置，并采取有效措施避免安全事故发生。在建筑运维阶段，二者集成应用可提高设备的日常维护维修工作效率，提升重要资产的监控水平，增强安全防护能力，并支持智能家居。

BIM 与物联网集成应用目前处于起步阶段，还缺乏数据交换、存储、交付、分类和编码、应用等系统化、可实施操作的集成和实施标准，而且受到法律法规、建筑业现行商业模式、BIM 应用软件等诸多限制，但这些限制问题将会随着技术的发展及管理水平的不断提高得到解决。BIM 与物联网的深度融合与应用，势必使智能建造提升到智慧建造的新高度，开创智慧建筑新时代，是未来建设行业信息化发展的重要方向之一。未来建筑智能化系统，将会出现以物联网为核心，以功能分类、相互通信兼容为主要特点的建筑"智慧化"大控制系统。

（五）BIM技术与云计算

云计算是一种基于互联网的计算方式，以这种方式共享的软硬件和信息资源可以按需提供给计算机和其他终端使用。

BIM 与云计算集成应用是利用云计算的优势将 BIM 应用转化为 BIM 云服务，基于云计算强大的计算能力，可将 BIM 应用中计算量大且复杂的工作转移到云端，以提升计算效率；基于云计算的大规模数据存储能力可将 BIM 模型及其相关的业务数据同步到云端，方便用户随时随地访问并与协作者共享；云计算使得 BIM 技术走出办公室，用户在施工现场可通过移动设备随时连接云服务，及时获取所需的 BIM 数据和服务等。

根据云的形态和规模，BIM 与云计算集成应用将经历初级、中级和高级发展阶段。初级阶段以项目协同平台为标志，主要厂商的 BIM 应用通过接入项目协同平台，初步形成文档协作级别的 BIM 应用；中级阶段以模型信息平台为标志，合作厂商基于共同的模型信息平台开发 BIM 应用，并组合形成构件协作级别的 BIM 应用；高级阶段以开放平台为标志，用户可根据差异化需要从 BIM 云服务平台上获取所需的 BIM 应用，并形成自定义的 BIM 应用。

（六）BIM技术与数字化加工

数字化是将不同类型的信息转变为可以度量的数字，将这些数字保存在适当的模型中，再将模型引入计算机进行处理的过程。数字化加工则是在应用已经建立的数字模型基础上，利用生产设备完成对产品的加工。

BIM 与数字化加工集成，意味着将 BIM 模型中的数据转换成数字化加工所需的数字模型，制造设备时可根据该模型进行数字化加工。目前，BIM 与数字化加工集成主要应用在预制混凝土板生产、管线预制加工和钢结构加工等领域。一方面，工厂精密机械自动完成建筑物构件的预制加工，不仅制造出误差小的构件，生产效率也可大幅提高；另一方面，建筑中的门窗、整体卫浴、预制混凝土结构和钢结构等许多构件，均可异地加工，再被运到施工现场进行装配，既可缩短建造工期，也容易掌控质量。

未来，将以建筑产品三维模型为基础，进一步加入资料、构件制造、构件物流、构件装置以及工期、成本等信息，以可视化的方法完成 BIM 与数字化加工的融合。同时，更加广泛地发展和应用 BIM 技术与数字化技术的集成，进一步拓展信息网络技术、智能卡技术、家庭智能化技术、无线局域网技术、数据卫星通信技术、双向电视技术等与 BIM 技术的融合。

（七）BIM技术与智能全站仪

施工测量是工程测量的重要内容，包括施工控制网的建立、建筑物的放样、施工期间的变形观测和竣工测量等内容。近年来，外观造型复杂的超大、超高建筑日益增多，测量放样主要使用全站型电子速测仪（简称全站仪）。随着新技术的应用，全站仪逐步向自动化、智能化方向发展。智能型全站仪由马达驱动在相关应用程序控制下和无人干预的情况下自动完成多个目标的识别、照准与测量，且在无反射棱镜的情况下可对一般目标直接测距。

BIM 与智能型全站仪的集成应用是通过对软件、硬件进行整合，将 BIM 模型带入施工现场，利用模型中的三维空间坐标数据驱动智能型全站仪进行测量。二者集成应用可以将现场测绘所得的实际建造信息与模型中的数据进行对比，核对现场施工环境与 BIM 模型之间的偏差，为机电、精装、幕墙等专业的深化设计提供依据。同时，基于智能型全站仪高效精确的放样定位功能，结合施工现场轴线网、控制点及标高控制线，可高效快速地将设计成果在施工现场进行标定，实现精确的施工放样，并为施工人员提供更加准确直观的施工指导。此外，基于智能型全站仪精确的现场数据采集功能，在施工完成后还可对现场实物进行实测实量，通过对比实测数据与设计数据，可以检查施工质量是否符合要求。

与传统放样方法相比，BIM 与智能型全站仪集成放样，精度可控制在 3mm以内，而一般建筑施工要求的精度在 1cm–2cm，远远超过传统施工精度。传统放样最少要两人操作，BIM 与智能型全站仪集成放样一人一天可完成几百个点的精确定位，效率是传统方法的 6–7 倍。

目前，国外已有很多企业在施工中通过 BIM 与智能型全站仪集成应用进行测量放样，而我国尚处于探索阶段，仅在深圳市城市轨道交通 9 号线、深圳平安金融中心和北京望京 SO-HO 等少数项目中应用过。未来，二者集成应用将与云技术进一步结合，使移动终端与云端的数据实现双向同步；还将与项目质量管控进一步融合，使质量控制和模型修正无缝融入原有工作流程，进一步提升 BIM 的应用价值。

（八）BIM技术与3D扫描

3D 扫描是集光、机、电和计算机技术于一体的高新技术，主要对物体空间外形、结构及色彩进行扫描，以获得物体表面的空间坐标，具有测量速度快、精度高、使用方便等优点，且其测量结果可直接与多种软件交互使用。3D 激光扫描技术又被称为实景复制技术，采用高速激光扫描测量的方法，可大面积高分辨率地快速获取被测量对象表面的 3D 坐标数据，为快速建立物体的 3D 影像模型提供了一种全新的技术手段。

3D 激光扫描技术可有效、完整地记录工程现场复杂的情况，通过与设计模型进行对比，直观地反映现场真实的施工情况，为工程检验等工作带来了巨大帮助。同时，针对一些古建类建筑，3D 激光扫描技术可快速准确地形成电子化记录，形成数字化存档信息，方便后续的修缮改造等工作。此外，对于现场难以修改的施工现状，可通过 3D 激光扫描技术得到现场真实信息，为其量身定做装饰构件等材料。

BIM 与 3D 扫描技术的集成是将 BIM 模型与所对应的 3D 扫描模型进行对比、转化和协调，达到辅助工程质量检查、快速建模、减少返工的目的，可解决很多传统方法无法解决的问题，目前正被越来越多地应用于建筑施工领域，在施工质量检测、辅助实际工程员统计、钢结构预拼装等方面体现出较大价值。例如，将施工现场的 3D 激光扫描结果与 BIM 模型进行对比，可检查现场施工情况与模型、图纸的差别，协助发现现场施工中的问题，而在传统方式下需要工作人员拿着图纸、皮尺在现场检查，依靠人工和图纸进行比对，费时又费力。

例如，上海中心大厦项目引入大空间 3D 激光扫描技术，通过获取复杂的现场环境及空间目标的 3D 立体信息，快速重构目标的 3D 模型及线、面、体、空间等各种带有 3D 坐标的数据，再现客观事物真实的形态特性。同时，将依据点建立的 3D 模型与原设计模型进行对比，检查现场施工情况，并通过采集现场真实的管线及龙骨数据建立模型，作为后期装饰等专业深化设计的基础。BIM 与 3D 扫描技术的集成应用，不仅提高了该项目的施工质量检查效率和准确性，也为后期装饰等专业深化设计提供了准确依据。

（九）BIM技术与虚拟现实

虚拟现实，也称作虚拟环境或虚拟真实环境，是一种三维环境技术，集先进的计算机技术、传感与测量技术、仿真技术、微电子技术等为一体，借此产生逼真的视、听、触、力等三维感觉环境而形成一种虚拟世界。虚拟现实技术是人们运用计算机对复杂数据进行可视化操作，与传统的人机界面以及流行的视窗操作相比，虚拟现实在技术思想上有了质的飞跃。

BIM 技术的理念是建立涵盖建筑工程全生命周期的模型信息库，并实现各个阶段、不同专业之间基于模型的信息集成和共享。BIM 与虚拟现实技术集成应用，主要内容包括虚拟场景构建、施工进度模拟、复杂局部施工方案模拟、施工成本模拟、多维模型信息联合模拟以及交互式场景漫游，目的是应用 BIM 信息库辅助虚拟现实技术更好地应用于建筑工程项目全生命周期中。

BIM 与虚拟现实技术集成应用可提高模拟的真实性。传统的二维、三维表达方式，只能传递建筑物单一尺度的部分信息。使用虚拟现实技术可展示一栋活生生的虚拟建筑物，使人产生身临其境之感；可以将任意相关信息整合到已建立的虚拟场景中，进行多维模型信息联合模拟，可以实时并从任意视角查看各种信息与模型的关系，指导设计、施工，辅助监理、监测人员开展相关工作。

BIM 与虚拟现实技术集成应用可有效支持项目成本管控。通过模拟工程项目的建造过程，在实际施工前即可确定施工方案的可行性及合理性，减少或避免设计中存在的大多数错误；可以方便地分析出施工工序的合理性，生成对应的采购计划和财务分析费用列表，高效地优化施工方案；还可以提前发现设计和施工中的问题，对设计、预算、进度等属性及时更新，并保证获得数据信息的一致性和准确性。二者集成应用，在很大程度上可减少建筑施工行业中普遍存在的低效、浪费和返工现象，大大缩短项目计划和预算编制的时间，提高计划和预算的准确性。

BIM 与虚拟现实技术集成应用可有效提升工程质量。在施工之前，将施工过程在计算机上进行三维仿真演示，可以提前发现并避免在实际施工中可能遇到的各种问题，如管线碰撞、构件安装等，以便指导施工和制定最佳施工方案，从整体上提高建筑施工效率，确保工程质量，消除安全隐患，并有助于降低施工成本与时间耗费。

BIM 与虚拟现实技术集成应用可提高模拟工作中的可交互性。在虚拟的三维场景中，可以实时地切换不同的施工方案，在同一个观察点或同一个观察序列中感受不同的施工过程，有助于比较不同施工方案的优势与不足，以确定最佳施工方案。同时还可以对某个特定的局部进行修改，并实时地与修改前的方案进行分析比较。此外，还可以直接观察整个施工过程的三维虚拟环境，快速查看到不合理或者错误之处，避免施工过程中的返工和浪费现象。

虚拟施工技术在建筑施工领域的应用将是一个必然趋势，在未来设计、施工中的应用前景更加广阔，必将推动我国建筑施工行业迈入一个崭新的时代。

（十）BIM技术与3D打印

3D 打印技术是一种快速成型技术，是以三维数字模型文件为基础，通过逐层打印或粉末熔铸的方式来构造物体的技术，综合了数字建模技术、机电控制技术、信息技术、材料科学与化学等方面的前沿技术（图 2-14）。

图 2-14　3D 打印技术

BIM 与 3D 打印的集成应用主要是在设计阶段利用 3D 打印机将 BIM 模型微缩打印出来，供方案展示、审查和进行模拟分析；在建造阶段采用 3D 打印机直接将 BIM 模型打印成实体构件和整体建筑，部分替代传统施工工艺来建造建筑。BIM 与 3D 打印的集成应用可谓两种革命性技术的结合，为建筑从设计方案到实物的过程开辟了一条"高速公路"，也为复杂构件的加工制作提供了更高效的方案。目前，BIM 与 3D 打印技术集成应用有三种模式：基于 BIM 的整体建筑 3D 打印、基于 BIM 和 3D 打印制作复杂构件以及基于 BIM 和 3D 打印的施工方案实物模型展示。

1. 基于 BIM 的整体建筑 3D 打印。应用 BIM 进行建筑设计，将设计模型交付给专用 3D 打印机，打印出整体建筑物。利用 3D 打印技术建造房屋可有效降低人力成本，作业过程基本不产生扬尘和建筑垃圾，是一种绿色环保的工艺，在节能降耗和环境保护方面较传统工艺有非常明显的优势。

2. 基于 BIM 和 3D 打印制作复杂构件。传统工艺制作复杂构件受人为因素影响较大，精度和美观度不可避免地会产生偏差。而 3D 打印机由计算机操控，只要有数据支撑，便可将任何复杂的异型构件快速、精确地制造出来。BIM 与 3D 打印技术集成进行复杂构件制作，不再需要复杂的工艺、措施和模具，只需将构件的 BIM 模型发送到 3D 打印机，短时间内即可将复杂构件打印出来，缩短了加工周期，降低了成本，而且精度非常高，可以保障复杂异形构件几何尺寸的准确性和实体质量。

3. 基于 BIM 和 3D 打印的施工方案实物模型展示。用 3D 打印制作的施工方案微缩模型；可以辅助施工人员更为直观地理解方案内容，携带、展示不需要依赖计算机或其他硬件设备，还可以 360° 全视角观察，克服了打印 3D 图片和三维视频角度单一的缺点。

随着各项技术的发展，现阶段 BIM 与 3D 打印技术集成存在的许多技术问题将会得到解决，3D 打印机价格和打印材料价格也会趋于合理，应用成本下降也会扩大 3D 打印技术的应用范围，提高施工行业的自动化水平。虽然在普通民用建筑大批量生产的效率和经济性方面，3D 打印建筑较工业化项制生产没有优势，但在个性化、小数量的建筑上，3D 打印的优势非常明显。随着个性化定制建筑市场的兴起，3D 打印建筑在这一领域的市场前景非常广阔。

（十一）BIM技术与GIS

地理信息系统是用于管理地理空间分布数据的计算机信息系统，以直观的地理图形方式获取、存储、管理、计算、分析和显示与地球表面位置相关的各种数据，英文缩写为 GIS。BIM 与 GIS 集成应用是通过数据集成、系统集成或应用集成来实现的，可在 BIM 应用中集成 GIS，也可以在 GIS 应用中集成 BIM，或是 BIM 与 GIS 深度集成，以发挥各自优势，拓展应用领域。目前，二者集成在城市规划、城市交通分析、城市微环境分析、市政管网管理、住宅小区规划、数字防灾、既有建筑改造等诸多领域有所应用，与各自单独应用相比，在建模质量、分析精度、决策效率、成本控制水平等方面都有明显提高。

BIM 与 GIS 集成应用可提高长线工程和大规模区域性工程的管理能力。BIM 的应用对象往往是单个建筑物，利用 GIS 宏观尺度上的功能可将 BIM 的应用范围扩展到公路、铁路、隧道、水电、港口等工程领域。

BIM 与 G1S 集成应用可增强大规模公共设施的管理能力。现阶段，BIM 应用主要集中在设计、施工阶段，而二者集成应用可解决大型公共建筑、市政及基础设施的 BIM 运维管理问题，将 BIM 应用延伸至运维阶段。

BIM 与 GIS 集成应用还可以拓展和优化各自的应用功能。导航是 GIS 应用的一个重要功能，但仅限于室外。二者集成应用不仅可以将 GIS 的导航功能拓展到室内，而且可以优化 GIS 已有的功能。例如，利用 BIM 模型对室内信息的精细描述，可以保证在发生火灾时室内逃生路径是最合理的，而不再只是路径最短。

随着互联网的高速发展，基于互联网和移动通信技术的 BIM 与 GIS 集成应用将改变二者的应用模式，向着网络服务的方向发展。当前 BIM 和 GIS 不约而同地开始融合云计算这项新技术，分别出现了"云 BIM"和"云 GIS"的概念，云计算的引入将使 BIM 和 GIS 的数据存储方式发生改变，数据量级也将得到提升，其应用也会得到跨越式发展。

（十二）BIM技术与构件库

目前国内流行的建筑行业 BIM 类软件均以搭积木方式实现建模，以构件（如 Revit 称为"族"、PDMS 称为"元件"）为基础。含有 BIM 信息的构件不但可以为工业化制造、计算选型、快速建模、算量计价等提供支持也可以为后期运营维护提供必不可少的信息数据。信息化是工程建设行业发展的必然趋势，设备数据库如果能有效地与 BIM 设计软件、物联网等融合，无论是对工程建设行业运作效率的提高，还是对设备厂商的设备推广，都会起到很大的促进作用。

BIM 设计时代已经到来，工程建设工业化是大势所趋。构件是建立 BIM 模型和实现工业化建造的基础，BIM 设计效率能否提高取决于 BIM 构件库的完备水平，对这一重要知识资产的规范化管理和使用，是设计院提高设计效率、保障交付成果的规范性与完整性的重要方法。因此，高效的构件库管理系统是企业 BIM 设计的必备利器。

（十三）BIM技术与装配式结构

装配式建筑是用预制的构件在工地装配而成的建筑，是我国建筑结构发展的重要方向之一，它有利于我国建筑工业化的发展，能够提高生产效率、节约能源，发展绿色环保建筑，并且有利于提高和保证建筑工程质量。与现浇施工法相比，装配式 RC 结构有利于绿色施工，因为装配式施工更符合绿色施工的节地、节能、节材、节水和环境保护等要求，降低对环境的负面影响，包括降低噪声、防止扬尘、减少环境污染、清洁运输、减少场地干扰、节约水、电、材料等资源和能源，遵循按续发展的原则。装配式结构还可以连续地按顺序完成工程的多个或全部工序，从而减少进场的工程机械种类和数量，消除工序衔接的停闲时间，实现立体交叉作业，减少施工人员，从而提高工效、降低物料消耗、减少环境污染，为绿色施工提供保障。另外，装配式结构在较大程度上减少了建筑垃圾（建筑垃圾占城市垃圾总量的 30%－40%），如废钢筋、废铁丝、废竹木材、废弃混凝土等。

2013 年 1 月 1 日，国务院办公厅转发《绿色建筑行动方案》，明确提出将"推动建筑工业化"列为十大重要任务之一，标志着推动建筑产业化发展已成为最高级别国家共识。随着政府对建筑产业化的不断推进，建筑信息化水平低已经成为建筑产业化发展的制约因素，如何应用 BIM 技术提高建筑产业信息化水平，推进建筑产业化向更高阶段发展，已经成为当前一个新的研究热点。

利用 BIM 技术能有效提高装配式建筑的生产效率和工程质量，将生产过程中的上下游企业联系起来，真正实现以信息化促进产业化。借助 BIM 技术三维模型的参数化设计，使得图纸生成修改的效率有了很大幅度的提高，解决了传统拆分设计中的图纸量大、修改困难的难题。加上时间进度的 4D 模拟，进行虚拟化施工，提高了现场施工管理的水平，缩短了施工工期，减少了图纸变更和施工现场的返工，节约了投资。因此，BIM 技术的使用能够为预制装配式建筑的生产提供有效帮助，使得装配式工程精细化更容易实现，进而推动现代建筑产业化的发展，促进建筑业发展模式的转型。

二、BIM 技术的发展趋势

随着 BIM 技术的发展和完善，BIM 的应用范围还将不断扩展，则将永久性地改变项目设计、施工和运维管理方式。随着传统低效的方法逐渐退出历史舞台，目前的许多工作岗位、任务和职责将过时。报酬应当体现价值创造，而当前采用的研究规模、酬劳、风险以及项目交付的模型应加以改变，才能适应新的情况。在这些变革中，可能发生的情况包括以下几方面：

1.市场的优胜劣汰将产生一批已经掌握 BIM 并能够有效提供整合解决方案的公司，它们基于以往的成功经验参与竞争，赢得新的工程。这将包括设计师、施工企业、材料制造商、供应商、预制件制造商以及专业顾问。

2.专业认证将有助于区分真正有资格的 BIM 从业人员与那些对 BIM 一知半解的人。教育机构将把协作建模融入其核心课程，以满足社会对 BIM 人才的需求。同时，企业内部和外部的培训项目也将进一步普及。

3.当前 BIM 应用主要集中在建筑行业，具备创新意识的公司正将其应用于大土木的工程项目中。同时，随着人们对它带给各类项目的益处逐渐得到广泛认可，其应用范围将继续快速扩展。

4.业主将期待更早地了解成本、进度计划以及质量。这将促进生产商、供应商、预制件制造商和专业承包商尽早使用 BIM 技术。

5.新的承包方式将出现，以支持一体化项目交付（基于相互尊重和信任、互惠互利、协同决策以及有限争议解决方案的原则）。

6.BIM 应用将有力地促进建筑工业化发展。建模将使得更大和更复杂的建筑项目预制件成为可能。更低的劳动力成本，更安全的工作环境，减少原材料需求以及坚持一贯的质量，这些将为该趋势的发展带来强大的推动力，使其具备经济性、充足的劳力以及可持续性激励。项目重心由劳动密集型向技术密集型转移，生产商将采用灵活的生产流程提升产品的定制化水平。

7.随着更加完备的建筑信息模型融入现有业务，一种全新内置式高性能数据仪在不久即可用于建筑系统及产品。这将形成一个对设计方案和产品选择产生直接影响的反馈机制，通过监测建筑物的性能与可持续目标是否相符，以促进绿色设计及绿色建筑全生命期的实现。

第三章　BIM 实施环境

第一节　BIM 与软件

我国建筑业对于 BIM 的益处及优势已经达成共识，很多企业纷纷开始积极应用 BIM，并且制定了一些措施，为企业开展 BIM 并顺利推广创造了一个良好的环境。思想的转变是构建良好 BIM 实施环境的首要条件，思想转变不单单是技术人员，也包括企业的中高层领导。对于技术人员来说，CAD 到 BIM 绝不是 2D 到 3D 那么简单，无论是之前的工作习惯，还是工作流程都有一个翻天覆地的变化，想生搬硬套是不可能的；而对于管理层而言，CAD 到 BIM 的转变，从组织架构到管理方式与方法以及团队的建设都是不一样的，不能简单认为 BIM 就是技术或者就是软件，必须从管理角度考虑。

在 BIM 的发展过程中，首先离不开软件的支持。信息技术的发展使人们产生了对新软件的空前强烈的需求，BIM 的应用需求也催生了一大批与之相关的软件产品。

BIM 作为支撑工程建设行业的新技术，涉及不同应用方、不同专业、不同项目阶段的不同应用，这绝不是一个软件或一类软件就可以解决的。美国 buildingSMART 联盟主席 DanaK. Smith 先生在其出版的 BIM 专著中下了这样一个论断："依靠一个软件解决所有问题的时代已经一去不复返了。"

软件是 BIM 的基础。BIM 应用软件是指基于 BIM 技术的应用软件，即支持 BIM 技术应用的软件。一般来讲，它应具备以下四个特征：面向对象、基于三维几何模型、包含其他信息和支持开放式标准。

第二节　BIM 与硬件

硬件和软件是一个完整的计算机系统互相依存的两大部分。当确定了使用的 BIM 软件之后，需要考虑的就是应该如何配置硬件。BIM 基于三维的工作方式，信息量非常大，对硬件的计算能力和图形处理能力提出了很高的要求。就最基本的项目建模来说，BIM 建模软件较传统的二维 CAD 软件，在计算机配置方面，更需要着重考虑 CPU、内存和显卡的配置。

1.CPU。CPU 即中央处理器，是计算机的核心，推荐拥有二级或三级高速缓冲存储器的 CPU。采用 64 位 CPU 和 64 位操作系统对提升运行速度有一定作用，大部分软件目前也都推出了 64 位版本。多核系统可以提高 CPU 的运行效率，在同时运行多个程序时速度更快，即使软件本身并不支持多线程工作，采用多核也能在一定程度上优化其工作表现。

2. 内存。内存是与 CPU 沟通的桥梁，关乎一台计算机的运行速度。越大越复杂的项目越占内存，一般所需内存的大小应最少是项目文件大小的 20 倍。由于目前大部分采用 BIM 的项目都比较大，一般推荐采用 16G 或 16G 以上的内存。

3. 显卡。显卡对模型表现和图形处理来说很重要，越高端的显卡，三维效果越逼真，图面切换越流畅。应避免使用集成式显卡，因为集成式显卡要占用系统内存来运行，而独立显卡有自己的显存，显示效果和运行性能也更好些。一般显存容量不应小于 2G。

4. 硬盘。硬盘的转速对系统速度也有影响，一般来说是越快越好，但其对软件工作表现的提升作用没有前三者明显。

关于各类软件对硬件的要求，软件厂商都会推荐相应的硬件配置，但从项目应用 BIM 的角度出发，需要考虑的不仅仅是单个软件产品的配置要求，还需考虑项目的大小、复杂程度，BIM 的应用目标，团队应用程度，工作方式等。

一个项目团队可以根据每个成员的工作内容，配备不同的硬件，形成阶梯式配置。例如，单专业的建模可以考虑较低的配置，而对于多专业模型的整合就需要较高的配置，某些大数据量的模拟分析可能所需的配置会更高。若采用网络协同的工作模式，则还需设置中央存储服务器。在一些超大型或特别复杂的项目中，当 BIM 数据呈数量级增加时，如果计算机的反应速度呈数量级下降，就会导致很多用户对 BIM 产生怀疑。其实，要用好 BIM，除了前期对硬件的合理规划外，之后的合理使用也很重要，具体如下：

1. 明确 BIM 的应用目标，设置合理的期望值，"三维"并不意味着项目中的每个零件都需要建模。

2. 合理划分 BIM 文件的结构，建立多文件协同方式。

3. 理解 BIM 与 CAD 的不同，建立良好的操作习惯，减少人为因素的影响。

4. 必要时向有 BIM 项目经验的专业人士咨询，减少走弯路的时间。

当前是计算机发展的黄金时期，随着计算机硬件性价比的不断提高，网络和云计算技术的不断发展，我们有理由相信，硬件不会再是阻碍 BIM 应用的绊脚石。

第三节　BIM 与网络

目前，大部分建筑行业从业者的网络工作方式可以概括为以下三种：单机方式，局域网 LAN（内联网 Intranet）方式和广域网 WAN（互联网 Internet）方式。

虽然 BIM 概念的提出和相关研究在 20 世纪七八十年代就开始了，但 BIM 的流行和大量工程使用却是从 21 世纪初才开始的，这里有 BIM 技术本身发展和成熟周期的原因，但另外一个重要原因就是网络技术对其的支持。

1. BIM 使用人数与网络的关系

在应用 BIM 技术的过程中，当信息被多方共同创建，然后被最大范围地应用，被最大限度地分享给更多人时，BIM 的价值才能被最大化。网络可以使应用 BIM 的人群数量大幅度增加，人们相互协作、共享资源，在企业内部，甚至在整个行业范围内产生协同效应。

2. BIM 信息存储和交换方式与网络的关系

法国国立布尔戈尼大学的 Renaud Vanlande 等人总结了五种被认可的 BIM 模型数据存储和交换方法：

（1）文件方式；

（2）API 方式；

（3）中央数据库方式；

（4）联合数据库方式；

（5）网络服务方式。

在上述方法里面，前两种方式从理论上还可以在没有网络的情形下实现，后面的三种方式则完全是以网络为前提的。

3. BIM 能力成熟度与网络的关系

美国 BIM 标准关于 BIM 能力成熟度的衡量标量中有一个 BIM 提交方法（Delivery Method）的要素，根据不同方法划分为 10 级成熟度（其中 1 级为最不成熟，10 级为最成熟，详见第二章相关内容）。在这 10 级 BIM 提交方法中，只有 1–2 两级属于单机工作方法，3–4 两级属于局域网工作方法，而 5–10 级属于互联网工作方法。互联网应用水平越高，BIM 能力成熟度也越高。网络是 BIM 得以推广普及的不可或缺的市场基础和技术平台，网络为 BIM 能够给工程建设行业带来的价值实现了数量级的放大，从而形成了市场对 BIM 的强大需求。可以毫不夸张地说，没有网络技术的推广普及，就不会有 BIM 的量化应用。

第四节　BIM 与云计算

云计算（Cloud Computing）也是基于网络发展起来的时下最热门的新技术，它是一种新兴的共享基础架构的方法，旨在通过网络把多个成本较低的计算实体整合成一个具有强大计算能力的系统，也就是"云"。其目的是将强大的计算能力分布到终端用户手中，使用户终端简化成一个单纯的输入输出设备，并能按需享受"云"的强大计算处理能力。

"云"是一个抽象的概念，只要人们能够通过网络访问不在本地的软件和硬件，就可以说这些软件和硬件在"云"里。在云计算时代，人们不需要关心存储或计算发生在四朵"云"上，而只需要通过网络，用浏览器就可以很方便地访问资料，把"云"作为资料存储以及应用服务的中心。

云计算是一个分布式计算模式，包括云硬件（数据中心）、云平台和云服务三个层次。

1. 云硬件。云硬件是包括服务器、网络设备、存储设备等在内的所有硬件设施，是云计算的数据中心。对用户来说，云硬件具有无限可扩展性，用户可以假定硬件资源无穷多，可以根据自己的需要动态地使用这些资源。

2. 云平台。云平台为开发、运行和访问云服务提供平台环境。云平台提供编程工具，帮助开发人员快速开发云服务，提供可有效利用云硬件的运行环境来运行云服务，提供丰富多彩的云端来访问云服务。

3. 云服务。云服务是运行在云平台之上的软件服务，如搜索服务、电子邮件服务、办公软件服务、客户关系管理服务等。

云计算的应用包含的一种思想是，把力量联合起来，给其中的每一个成员使用。这和 BIM 的理念不谋而合，也让从事建筑行业的人们对云计算充满了期待。

但在云计算发展的初期，用户对云计算服务的稳定性、保密性以及数据传输迁移等实际操作问题存在一定顾虑，云计算出现了新的分支，那就是私有云计算。为了便于区分，通常意义上的云计算被称为公共云计算。

所谓私有云计算，就是指企业自己搭建，为企业内部以及企业的客户和供应商提供的云服务。私有云计算中，云硬件是用户自己的个人计算机或服务器，而非云计算厂商的数据中心。云计算厂商构建数据中心的目的是为千百万用户提供公共云服务，因此需要拥有上百万台服务器。私有云对企业来说只服务于企业内部以及企业的客户和供应商，因此企业自己的个人计算机或服务器已经足够用来提供云服务。

相比公共云，私有云可以根据企业自身的要求来确定数据存放的位置，用户数据存放在自己的个人计算机或服务器中，用户拥有对自己数据的绝对掌控权，稳定性和安全性都相对更好。此外，企业可以充分利用现有的个人计算机或服务器硬件资源，整合并最大化利用企业的资源。

目前，已有一些产品或服务技术含量比较高的建筑企业建立了公司自己的"私有云"。特别对于那些同时还应用 BIM 的建筑公司而言，BIM 是推动它们采用云计算的原动力，而成功的云计算策略确实可以大大提高 BIM 的应用价值，其中主要表现在：

1. 可以满足 BIM 对硬件巨大的计算能力的要求；
2. 多个办公室的团队可以基于同一个 BIM 模型进行跨地域范围合作；
3. 和外部团队以及合作公司，也能实现基于 BIM 的实时协同工作；
4. 用笔记本电脑和手机就能随时随地、自由方便地访问和处理 BIM 数据。

云计算为 BIM 技术的应用带来了崭新的机遇，BIM 和云计算会在网络这个平台上相辅相成、共同发展。

第五节 BIM 团队

技术的进步并不能直接带来信息品质的提高，任何项目或计划的成功都离不开"人"的作用。是"人"在确定目标、推动进程、处理信息、使用成果并创造价值，因此建立一支目标明确、协调统一的团队是保证 BIM 得以成功实施的关键。

在建筑业各种机构和组织由 CAD 向 BIM 转变的过程中，BIM 经理是关键角色之一。每个 BIM 团队都需要指定一人作为 BIM 经理，被指定为 BIM 经理的人不能是本身具有生产任务的人员。在 BIM 实施的前 6 个月，BIM 经理需要投入 100%的时间，6 个月以后可以根据 BIM 工作量的需要逐步减少到 50%。但是如果 BIM 工作量较大，BIM 经理仍然要保证 100%的时间投入。

BIM 经理负责执行、指导和协调所有与 BIM 相关的工作，包括项目目标、流程、进度、资源、技术的管理；应用数字化项目设计相关的各类工程原理、方法技巧和标准，在所有与 BIM 相关的事项上提供权威的建议和指导；协调和管理 BIM 环境中工作的所有项目团队，以保障完成产品在技术上的合适性、完整性、及时性和一致性。

参考美国陆军工程兵团（USACE）对其所属机构 BIM 经理的定义，BIM 团队建立具有直接意义。其将 BIM 经理的主要职责分为以下四个部分：

1.数据库管理——时间投入约 25%

（1）开发和维护一个标准数据模板、目录和数据库，准备和更新这些数据产品供内部和外部的设计团队、施工承包商、设施运营和维护人员用于项目从概念到运营整个生命周期内的项目管理工作。

（2）审核在使用 BIM 过程中产生的单元（如门、窗等）和模块（如卫生间、会议室等）等各种数据，保证它们和有关的标准、规程以及总体项目要求一致。

（3）协调项目实施团队、软硬件厂商、其他技术资源和客户，直接负责解决和确定和数据库有关的各种问题，确定来自组织其他成员的输入要求，维护所有与 BIM 相关组织的联络，及时通知标准模板和标准库的任何修改。

（4）作为用 BIM 做项目设计的辅助团队、使用 BIM 模型产生竣工文件的施工企业、使用 BIM 导出模型进行设施运营和维护的设施整理企业的接口，为其提供合适的数据库和标准的访问，在上述 BIM 用户需要的时候回答问题和提供指引。

（5）把设计团队和施工企业产生的 BIM 模型中适当的元素并入标准数据库。

2.项目执行——时间投入约 30%

（1）协调项目团队在 BIM 环境中有关软硬件方面的问题，监控 BIM 环境中生产的所有产品的装备工作。

（2）向管理层建议实施团队的构成。

（3）启动专题讨论会的相关事项，根据需要参加项目专题讨论会。

（4）基于项目和客户要求，设立数字工作空间和项目初始数据集。

（5）为项目团队提供随时的疑难解答。

（6）监控和协调模型的准备，以及支持项目团队组装必要的信息，完成最后的产品。

（7）监控和协调所有项目需要的专用信息的准备工作，以及支持所有生产最终产品必需的信息组装工作。

（8）审核所有信息，保证其符合标准、规程和项目要求。

（9）确认各种冲突并把未解决的问题连同建议、解决方案一起呈报上级主管。

3.培训——时间投入约 20%

（1）为项目团队成员提供和协调最大化 BIM 技术收益的培训。

（2）根据需要，协调年度更新培训和项目专用培训。

（3）根据需要，本人参与更新培训和项目专题研讨培训班。

（4）根据需要，在项目过程中对 BIM 个人用户提供随时培训。

（5）和设计团队、施工承包商、设施运营商合作，开发和加强他们的 BIM 应用能力。

（6）为管理层提供有关技术进步以及相应建议、计划和状态的简报。

（7）为管理层提供员工培训需要和机会的建议。

（8）在有需要和被批准的前提下为会议和专业组织作 BIM 演示介绍。

4.程序管理——时间投入约 25%

（1）管理 BIM 程序的技术和功能环节，最大化客户的 BIM 利益。

（2）和总部、软件厂商、其他地区 / 部门、设计团队以及其他工程组织合作，始终走在 BIM 相关工程设计、施工、管理软硬件技术的前沿。

（3）负责本地区或部门有关 BIM 政策的开发和建议批准。

（4）为管理层和客户代表介绍各种程序的状态、阶段性成果和应用的先进技术。

（5）与设计团队、地区管理层、总部、客户和其他相关人员协调建立本机构的 BIM 应用标准。

（6）管理 BIM 软件，实施版本控制，同时为管理层建议升级公用。

（7）积极参加总部各类 BIM 规划、开发和生产程序的制定。

通常，根据实施方工作职能的不同，BIM 团队的人员配备会有不同，对 BIM 经理和相关人员的要求也会有差异。例如，对于业主方的 BIM 团队，其下的设计、施工、各种咨询顾问的 BIM 团队都是业主 BIM 团队的子团队，业主 BIM 经理需要从项目全生命周期管理的角度出发领导这个"虚拟团队"协调工作。对于各子团队的 BIM 经理，他除了是业主 BIM 团队的一员，也是自身 BIM 团队的领导，其下需要配备专业的技术团队。

对于 BIM 技术团队的建立，需要考虑以下几方面两个方面的内容：

1.每个 BIM 团队都需要指定一位技术主管，负责管理 BIM 模型，使用质量报告工具，保证数据质量，确保所有的 BIM 工作遵守项目 CAD 标准和 BIM 标准。

2.指定实际负责项目的建筑师或工程师来设计 BIM 模型，实现在三维环境中执行设计和设计修改。在使用 BIM 进行设计的过程中，需要经常性和快速地进行设计决策，建筑师和工程师应该亲自使用 BIM 来工作，而不是只告诉绘图员模型什么地方需要修改。

在 BIM 实施过程中，为确保 BIM 团队发挥应有的作用，企业应明确 BIM 应用目标，合理制定 BIM 团队的任务和发展规划。

第六节　BIM 工作流程

BIM 应用决定流程，流程可以对 BIM 应用产生反作用（促进或阻碍作用），只有首先明确 BIM 应用的目标，才能制定合适的流程。通常 BIM 应用是从一个或几个点开始，逐步变成线和面的，流程在这个过程中也需要不断改进。与 BIM 有关的工作流程可以分为以下三个层次：

1.个人流程

个人流程是指参与项目的个人（不管是设计、施工、运营还是其他角色）在使用 BIM 之前和之后本人工作流程的变化，例如设计师，使用 BIM 以前是分别画平、立、剖面的，使用 BIM 以后对设计的推敲和表达就要在 BIM 模型上来进行，而平、立、剖面成了 BIM 模型的副产品。只要学会使用 BIM 工具和方法，个人流程也就自然而然随之变化了。

2.团队流程

团队流程是指一个工种或企业内部项目团队成员之间在使用 BIM 前后的工作流程变化，团队流程是非契约型关系，流程的变化通过人与人、人与子团队以及子团队与子团队之间的协同来解决。例如设计团队的流程，使用 BIM 之前主要通过互提资料和设计会审来协调专业本身和专业之间的工作，具体工作的时候每个个体是不受约束的，因而可能产生无用功或重复工作，使用 BIM 以后，系统会自动产生一些流程来约束个人的工作。例如，一个团队成员正在修改他负责的项目某一部分时，系统就自动不允许其他成员对这一部分进行修改，无用功或重复工作会减少甚至避免。由于团队流程主要存在于企业内部，改变和适应起来难度并不是太大。

3.项目流程

项目流程是指企业边界的流程，通常以契约的形式来表示，项目流程的变化涉及业主、设计、施工、运营等所有项目参与方，以及技术、经济、法律等各个相关领域，因此困难最大。结合我国工程建设领域的实际情况、全球BIM应用现状和发展趋势来看，项目流程的变化将是一个由初级阶段逐步向高级阶段演进的过程。

（1）初级阶段。即目前BIM应用的初始阶段，这个阶段以传统项目流程为主，BIM服务为辅，如图3-1所示，此阶段的BIM应用可以根据项目和团队的实际情况选择其中任何一项或几项来进行。例如，某个项目只采用BIM设计服务，或者采用BIM设计和招标服务等，不管如何选择，BIM服务的采用与否基本上不改变项目"设计招标—施工—运营"的传统流程。此时BIM服务的主要工作是通过应用BIM，对设计、招标、施工和运营计划以及实施过程进行可视化、分析、模拟、优化、跟踪、记录等工作，并最终形成项目的BIM竣工模型和BIM运营模型。

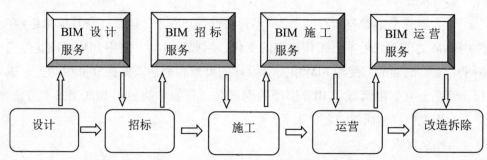

图3-1　BIM项目流程的初级阶段

（2）高级阶段。在高级阶段，BIM完全融入项目流程，如图3-2所示。进入高级阶段以后，BIM已经成为项目设计、施工、运营的日常工具，基于BIM的项目流程的技术、经济、法律问题已经具备相应的解决方案。此时BIM服务的主要工作将转向对项目参与各方提供的BIM模型和数据的合理性、正确性、一致性、完整性等的审核和项目完整信息的集成。

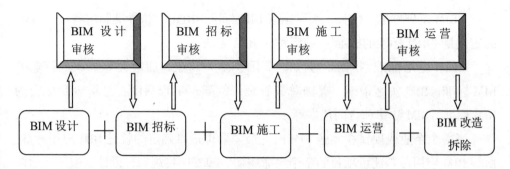

图 3-2 BIM 项目流程的高级阶段

在以上三个层次中，除个人流程外，团队流程和项目流程都需要在开始实施BIM 之前合理规划。BIM 工作流程规划可以评估、设计和安排企业或项目的整个BIM 创建、应用和共享过程，使之合理化、效益最大化。BIM 工作流程应在实施之初就建立，并在实施过程中不断根据实际情况进行修正和深化，这么做的价值在于：

(1) 所有参与方都将清楚地理解 BIM 工作的目的和方向；

(2) 所有参与方都能明确各自的工作职责；

(3) 使 BIM 工作规范化，并确保其与实际业务相结合；

(4) 确保 BIM 协同环境的建立；

(5) 对 BIM 工作所需的资源和潜在的风险有清楚的评估和认识；

(6) 对 BIM 工作的质量提供衡量依据。

第七节　BIM 应用标准

随着 BIM 的不断普及和推广，关于 BIM 应用的标准也越来越受人们重视和关注，世界各地也相应出现了各式各样的 BIM 标准。BIM 标准可以从两个层次进行分类：第一个层次是标准的制定和遵守，按照这个层次，BIM 标准可以分为国际标准、国家标准、行业或地区标准、企业标准和项目标准等；第二个层次是标准本身内容的种类，目前看来主要有下面这些类型：

1. 信息互用（交换）标准，例如 IDM, IFC, IFD, GSI/2 等。

2. 信息分类标准，例如 OmniClass, Unformat, MasterFormat 等。

3.BIM 基础标准,例如,美国国家 BIM 标准 NBIMS,该标准制定者对 NBIMS 的定位是 "BIM 标准的标准",或者称为 BIM 宪法。

4.BIM 应用标准 (指南),例如,英国、澳大利亚、加拿大等国家或行业的 BIM 标准,BIM 实施指南,美国总务管理局、陆军工程兵团、总承包商协会的 BIM 标准,BIM 法律和合同范本等。

当一个企业或项目在实施 BIM 时,最需要也最难确定的就是 BIM 应用标准。由于 BIM 应用覆盖建设项目的整个生命周期,随着项目规划、设计、施工、运营各个阶段的逐步进行,BIM 模型中的信息也处于从宏观到微观、从近似到精确、从模糊到具体的发展过程。

BIM 模型中的元素表达虽然都有精确的数据 (没有精确的数据就不能表达出来,这既是数字化技术的优势,也是其不足),但和项目团队在项目不同时间点真正知道且能够确定的精度未必是一致的。例如,在设计初期,BIM 模型里面的门窗都有精确的数据,这个数据只是根据 BIM 软件的需要而输入的,并不代表项目今后实际使用的门窗尺寸,也就是说,这个时候的门窗尺寸精度是比较近似或者模糊的。这种情况如果管理不好,容易引起混乱。

由于不同的项目参与方和利益相关方对 BIM 模型的内容会有不同的要求,使用 BIM 模型的诸如造价预算、施工计划、性能模拟、规范校核、可视化等多种用途时会加剧上述的混乱局面,有些应用可能是 BIM 模型创建者根本没有考虑过的。因此,BIM 应用标准需要对 BIM 模型在什么阶段进行什么应用,包括什么构件,达到什么精度做出相应的规定。

美国建筑师学会使用模型详细等级来定义 BIM 模型中构件的精度,BIM 构件的详细等级可以随着项目的发展,从概念性近似的低级到建成后精确的高级不断发展。详细等级共分 5 级:

100:概念性。

200:近似几何。

300:精确几何。

400:加工制造。

500:建成竣工。

BIM 模型详细等级的应用主要有以下两方面内容:

1.定义阶段成果。随着项目的进展,BIM 模型的元素将从一个详细等级发展到下一个详细等级。例如，施工图阶段大部分元素需要达到详细等级 300，而许多元素在施工阶段的加工详图过程中达到详细等级 400。但是有些元素例如涂料，基本上永远在详细等级 100 的程度，也就是说，涂料一般不会建模，只是把造价和其他特性附着到相应的墙体上。

2. 分配建模任务。模型元素的三维表达在不同阶段会有不同的深度，需要不同的人员来负责提供。例如，一面三维墙体可能最早是由建筑师创建的，但施工阶段就要由施工方负责创建。为了解决这个问题，美国建筑师学会提出了"模型元素创建者"的概念，声明模型中的每一个元素在各个不同的阶段由哪一个参与方负责创建。

在建立企业或项目的 BIM 应用标准时，应该结合企业或项目 BIM 实施的实际情况，建立符合企业或项目实际操作的技术规范。其中，一般应包括新的数据和文档管理标准、软件的使用规范、出国标准(标注、线性、字体等)规范、协同作业环境的标准、企业级或项目级的各种标准构件库、构件的详细程度等。

第四章　BIM 在土木工程各阶段的应用

第一节　BIM 技术在设计阶段的应用

一、BIM 技术在方案设计阶段的应用

方案设计主要是指从建筑项目的需求出发，根据建筑项目的设计条件，研究分析满足建筑功能和性能的总体方案，提出空间架构设想、创意表达形式及结构方式的初步解决方法等，为项目设计后续若干阶段的工作提供依据和指导性的文件，并对建筑的总体方案进行初步的评价、优化和确定。

BIM 技术在方案设计阶段的应用主要是利用 BIM 技术对项目的可行性进行验证，对下一步深化工作进行推导和方案细化。利用软件对建筑项目所处的场地环境进行必要的分析，如坡度、方向、高程、纵横断面、填挖方、等高线、流域等，并为方案设计提供依据。进一步利用 BIM 软件建立建筑模型，输入场地环境相应的信息，进而对建筑物的物理环境（如气候、风速、地表热辐射、采光、通风等）、出入口、人车流动、结构、节能排放等方面进行模拟分析，选择最优的工程设计方案。

在 BIM 技术方案设计阶段的应用主要包括利用 BIM 技术进行概念设计、场地规划和方案比选。

（一）概念设计

概念设计是利用设计概念并以其为主线贯穿全部设计过程的设计方法。它是完整而全面的设计过程，通过设计概念将设计者繁复的感性和瞬间思维上升到统一的理性思维，从而完成整个设计。概念设计阶段是整个设计阶段的开始，设计成果是否合理、是否满足业主要求，对整个项目后续阶段的实施具有关键作用。

基于 BIM 技术的高度可视化、协同性和参数化的特性，建筑师在概念设计阶段可实现设计思路的快速、精确表达，同时实现与各领域工程师无障碍的信息交流与传递，从而实现设计初期的质量、信息管理的可视化和协同化。在业主要求或设计思路改变时，基于参数化操作可快速实现设计成果的更改，从而大大加

快方案阶段的设计进度。

BIM 技术在概念设计中的应用主要体现在空间形式思考、饰面装饰及材料运用、室内装饰色彩选择等方面。

1. 空间设计。空间形式及研究的初步阶段在概念设计中称为区段划分，是设计概念运用中首要考虑的部分。

（1）空间造型。空间造型设计即对建筑进行空间流线的概念化设计，例如，某设计以创造海洋或海底世界的感觉为概念，则其空间流线应多采用曲线、弧线、波浪线。当对形体结构复杂的建筑进行空间造型设计时，利用 BIM 技术的参数化设计可实现空间形体的基于变量的形体生成和调整，从而避免传统概念设计中的工作重复、设计表达不直观等问题。

（2）空间功能。空间功能设计即对各个空间组成部分的功能合理性进行分析设计。传统方式中可采用列表分析、图例比较的方法对空间进行分析，思考各空间的相互关系、人流量的大小、空间地位的主次、私密性的比较、相对空间的动静研究等。基于 BIM 技术可对建筑空间外部和内部进行仿真模拟，在符合建筑设计功能性规范要求的基础上，高度可视化模型可帮助建筑设计师更好地分析其空间功能是否合理，从而实现进一步改进、完善。这样有利于在平面布置上更有效、合理地运用现有空间，使空间的实用性得到充分发挥。

2. 饰面装饰初步设计。饰面装饰设计来源于对设计概念以及概念发散所产生的形的分解，对材料的选择是影响设计概念表达的重要因素。选择具有人性化的带有民族风格的天然材料，还是选择高科技的、现代感强烈的饰材，都是由不同的设计概念决定的。基于 BIM 技术可对模型进行外部材质选择和渲染，甚至还可对建筑周边环境景观进行模拟，从而能够使建筑师高度仿真地置身整体模型中对饰面装修设计方案进行体验和修改。

3. 室内装饰初步设计。色彩的选择往往决定了整个室内气氛，同时也是表达设计概念的重要组成部分。在室内设计中，设计概念既是设计思维的演变过程，也是设计得出所能表达概念的结果。基于 BIM 技术可对建筑模型进行高度仿真性内部渲染，包括室内材质、颜色、质感甚至家具、设备的选择和布置，从而有利于建筑设计师更好地选择和优化室内装饰初步方案。

（二）场地规划

场地规划是指为了满足某种需求，人们对土地进行长时间的刻意的人工改造与利用。这其实是对所有和谐的适应关系的一种图示，即分区与建筑、分区与分区。所有这些土地利用都与场地地形相适应。

BIM 技术在场地规划中的应用主要包括场地分析和总体规划。

1. 场地分析。场地分析是对建筑物的定位、建筑物的空间方位及外观、建筑物和周边环境的关系、建筑物将来的车流、物流、人流等各方面因素进行集成数据分析的综合。场地设计需要解决的问题主要有建筑及周边的竖向设计确定、主出入口和次出入口的位置选择、景观和市政需要配合的各种条件。在方案策划阶段，景观规划、环境现状、施工配套及建成后交通流量等方面，与场地的地貌、植被、气候条件等因素关系较大。传统的场地分析存在定量分析不足、主观因素过重、无法处理大量数据信息等弊端。通过 BIM 结合 GIS 进行场地分析模拟能得出较好的分析数据，能够为设计单位后期设计提供最理想的场地规划、交通流线组织关系、建筑布局等关键决策（图 4-1）。

图 4-1　BIM 场地分析

2. 总体规划。通过 BIM 建立模型能够更好地对项目做出总体规划，并得出大量的直观数据作为方案决策的支撑。例如，在可行性研究阶段，管理者需要确定建设项目方案在满足类型、质量、功能等要求下是否具有技术与经济可行性，而 BIM 能够提高技术与经济可行性论证结果的准确性和可靠性。通过对项目与周边环境的关系、朝向可视度、形体、色彩、经济指标等进行分析对比，化解功能与投资之间的矛盾，可以使策划方案更加合理，为下一步的方案与设计提供直观的、带有数据支撑的依据。

（三）方案比选

方案设计阶段应用 BIM 技术进行设计方案比选的主要目的是选出最佳的设计方案，为初步设计阶段提供对应的设计方案模型。基于 BIM 技术的方案设计是利用 BIM 软件，通过制作或局部调整方式，形成多个备选的建筑设计方案模型进行比选，使建筑项目方案的沟通、讨论、决策在可视化的三维场景下进行，实现项目设计方案决策的直观和高效。

BIM 系列软件具有强大的建模、渲染和动画技术，通过 BIM 可以将专业、抽象的二维建筑描述通俗化、三维直观化，使得业主等非专业人员对项目功能性的判断更为明确、高效，决策更为准确。同时，基于 BIM 技术和虚拟现实技术对真实建筑及环境进行模拟，可展示高度仿真的效果图，设计者可以完全按照自己的构思去构建装饰"虚拟"的房间，并可以任意变换自己在房间中的位置去观察设计的效果，直到满意为止。这样就使设计者各个设计意图能够更加直观、真实、详尽地展现出来，既能为建筑的投资方提供直观的感受，也能为后面的施工方提供很好的依据。

二、BIM 技术在初步设计阶段的应用

初步设计阶段是介于方案设计阶段和施工图设计阶段之间的过程，是对方案设计进行细化的阶段。在本阶段，需要推敲完善建筑模型并配合结构建模进行核查设计，应用 BIM 软件构建建筑模型，对平面、立面、剖面进行一致性检查，将修正后的模型进行剖切，生成平面、立面、剖面及节点大样图，形成初步设计阶段的建筑、结构模型和初步设计二维图。

BIM 技术在初步设计阶段的应用主要包括结构分析、性能分析和工程算量。

（一）结构分析

最早使用计算机进行的结构分析包括三个步骤，分别是前处理、内力分析和后处理，其中前处理是通过人机交互式输入结构简图、荷载、材料参数以及其他结构分析参数的过程，也是整个结构分析中的关键步骤，所以该过程也是比较耗费设计时间的过程；内力分析过程是结构分析软件的自动执行过程，其性能取决于软件和硬件，内力分析过程的结果是结构构件在不同工况下的位移和内力值；

后处理过程是将内力值与材料的抗力值进行对比产生安全提示，或者按照相应的设计规范计算出满足内力承载能力要求的钢筋配置数据，这个过程人工干预程度也较低，主要由软件自动执行。在 BIM 模型支持下，结构分析的前处理过程也实现了自动化。BIM 软件可以自动将真实的构件关联关系简化成结构分析所需的力学简化关联关系，能依据构件的属性自动区分结构构件和非结构构件，并将非结构构件转化为加载于结构构件上的荷载，从而实现结构分析前处理的自动化。

基于 BIM 技术的结构分析主要体现在以下三个方面：

1. 通过 IFC 或 Structure Model Center 数据计算模型。

2. 开展抗震、抗风、抗火等结构性能设计。

3. 结构计算结果存储在 BIM 模型或信息管理平台中，便于后续应用。

（二）性能分析

利用 BIM 技术，建筑师在设计过程中赋予所创建的虚拟建筑模型大量建筑信息（几何信息、材料性能、构件属性等）。只要将 BIM 模型导入相关性能分析软件，就可得到相应分析结果，使得原本 CAD 时代需要专业人士花费大量时间输入大量专业数据的过程轻松自动完成，大大缩短了工作周期，提高了设计质量，优化了为业主提供的服务。性能分析主要包括以下几方面：

1. 能耗分析：对建筑能耗进行计算、评估，进而开展能耗性能优化。

2. 光照分析：建筑、小区日照性能分析，室内光源、采光、景观可视度分析。

3. 设备分析：管道、通风、负荷等机电设计中的计算分析模型输出，冷、热负荷计算分析，舒适度模拟，气流组织模拟。

4. 绿色评估：规划设计方案分析与优化，节能设计与数据分析，建筑遮阳与太阳能利用，建筑采光与照明分析，建筑室内自然通风分析，建筑室外绿化环境分析，建筑声环境分析，建筑小区雨水采集和利用。

（三）工程算量

工程量的计算是工程造价中最烦琐、最复杂的部分。利用 BIM 技术辅助工程计算，能大大加快工程量计算的速度。利用 BIM 技术建立的三维模型可以极尽全面地加入工程建设的所有信息。根据模型能够自动生成符合国家工程量清单计价规范标准的工程量清单及报表，快速统计和查询各专业工程量，对材料计划、使用做精细化控制，避免材料浪费。例如，利用 BIM 信息化特征可以准确提取整个项目中防火门数量的准确数字、防火门的不同样式、材料的安装日期、出厂型号、尺寸大小等，甚至可以统计防火门的把手等细节。

工程算量主要包括土石方工程、基础、混凝土构件、钢筋、墙体、门窗工程、装饰工程等内容的算量。

三、BIM 技术在施工图设计阶段的应用

施工图设计阶段是建筑项目设计的重要阶段，是项目设计和施工的桥梁。本阶段主要通过施工图纸表达建筑项目的设计意图和设计结果，并作为项目现场施工制作的依据。

施工图设计阶段的 BIM 应用是各专业模型构建并进行优化设计的复杂过程。各专业信息模型包括建筑、结构、给水排水、暖通、电气等专业模型。在此基础上，根据专业设计、施工等知识框架体系，进行冲突检测、三维管线综合等基本应用，实现对施工图设计的多次优化。针对某些会影响净高要求的重点部位，进行具体分析，优化机电系统空间走向排布和净空高度。

BIM 技术在施工图设计阶段的应用主要包括各协同设计与碰撞检查、结构分析、施工图出具、三维渲染图出具等。其中，结构分析是指在初步设计的基础上进行深化，故在此节不再重复。

（一）协同设计与碰撞检查

在传统的设计项目中，各专业设计人员分别负责其专业领域内的设计工作，设计项目一般通过专业协调会议，以及相互提交设计资料实现专业设计之间的协调。在许多工程项目中，专业之间因协调不足出现冲突是非常突出的问题。这种协调不足造成了在施工过程中冲突不断、变更不断的常见现象。

BIM 为工程设计的专业协调提供了两种途径，一种是在设计过程中通过有效的、适时的专业间协同工作避免产生大量的专业冲突问题，即协同设计；另一种是通过对 3D 模型的冲突进行检查、查找并修改，即冲突检查。现在冲突检查已成为人们认识 BIM 价值的代名词，实践证明，BIM 的冲突检查已取得了良好的效果。

1.协同设计。传统意义上的协同设计很大程度上是指基于网络的一种设计沟通交流手段，以及设计流程的组织管理形式。包括通过 CAD 文件、视频会议，通过建立网络资源库，借助网络管理软件等。

基于 BIM 技术的协同设计是指建立统一的设计标准，包括图层、颜色、线型、打印样式等，在此基础上，所有设计专业及人员在一个统一的平台上进行设计，从而减少现行各专业之间（以及专业内部）由于沟通不畅或沟通不及时导致的错、漏、碰、缺等问题，真正实现所有图纸信息元的单一性，实现一处修改其他自动修改，提升设计效率和设计质量。协同设计工作使用一种协作方式，使成本得以降低，不仅可以更快地完成设计，而且也对设计项目的规范化管理起到重要作用。

协同设计由流程、协作和管理三类模块构成。设计、校审和管理等不同角色人员利用该平台中的相关功能实现各自工作。

2.碰撞检测。二维图纸不能用于空间表达，使得图纸中存在许多意想不到的碰撞盲区。目前的设计方式多为"隔断式"设计，各专业分工作业，依赖人工协调项目内容和分段，这也导致设计往往存在专业间碰撞。同时，在机电设备和管道线路的安装方面还存在软碰撞的问题（实际设备、管线间不存在实际的碰撞，但在安装方面会造成安装人员、机具不能到达安装位置的问题）。

基于 BIM 技术可将多个不同专业的模型集成为一个模型，通过软件提供的空间冲突检查功能查找多个专业构件之间的空间冲突可疑点，软件可以在发现可疑点时向操作者报警，经人工确认该冲突。冲突检查一般从初步设计后期开始进行，随着设计的进展，反复进行"冲突检查—确认修改—新模型"的 BIM 设计过程，直到所有冲突都被检查出来并修正，最后一次检查所发现的冲突数为零，则标志着设计已达到 100% 协调。一般情况下，由于不同专业是分别设计、分别建模的，所以任何两个专业之间都可能产生冲突，因此冲突检查的工作将覆盖任何两个专业之间的冲突关系，如建筑与结构专业，标高、剪力墙、柱等位置不一致，或梁与门冲突；结构与设备专业，设备管道与梁柱冲突；设备内部各专业，各专业与管线冲突；设备与室内装修，管线末端与室内吊顶冲突。冲突检查过程是需要计划与组织管理的过程，冲突检查人员也被称为"BIM 协调工程师"，他们负责对检查结果进行记录、提交、跟踪提醒与覆盖确认。

（二）施工图生成

设计成果中最重要的表现形式就是施工图，施工图是含有大量技术标注的图纸，在建筑工程的施工方法仍然以人工操作为主的技术条件下，施工图有其不可替代的作用。CAD 的应用大幅提升了设计人员绘制施工图的效率，但是传统的方式存在的不足也是非常明显的：在生成了施工图之后，如果工程的某个局部发生设计更新，则同时影响与该局部相关的多张图纸，如一个柱子的断面尺寸发生变化，则含有该柱子的结构平面布置图、柱配筋图、建筑平面图、建筑详图等都需要再次修改，这种问题在一定程度上影响了设计质量的提高。模型是完整描述建筑空间与构件的模型，图纸可以看作模型在某一视角的平行投影视图。基于模型自动生成图纸是一种理想的图纸产出方法，理论上，基于唯一的模型数据源，任何对工程设计的实质性修改都将反映在模型中，软件可以依据模型的修改信息自动更新所有与该修改相关的图纸，由模型到图纸的自动更新为设计人员节省了大量的图纸修改时间。施工图生成也是优秀建模软件多年来努力发展的主要功能之一，目前，软件的自动出图功能还在发展中，实际应用时还需人工干预，包括修正标注信息、整理图面等工作，其效率还不太令人满意，相信随着软件的发展和完善，该功能会逐步增强，工作效率会逐步提高。

第二节　BIM 技术在施工阶段的应用

一、工程量计算及报价

传统的招投标由于投标时间比较紧张，要求投标方向、灵巧、精确地完成工程量计算，把更多时间运用在投标报价技巧上。这些工作单靠手工是很难按时、保质、保量完成的，而且随着现代建筑造型趋于复杂化，人工计算工程量的难度越来越大，快速、准确地形成工程量清单成为招投标阶段工作的难点和瓶颈。这些关键工作的完成也迫切需要信息化手段来支撑，以进一步提高效率，提升准确度。

投标方根据 BIM 模型快速获取正确的工程量信息，与招标文件的工程量清单比较，可以制定更好的投标策略。

二、预制加工管理

（一）构件加工详图

通过 BIM 模型对建筑构件的信息化表达，可在 BIM 模型上直接生成构件加工图，不仅能清楚地表达传统图纸的二维关系，而且也可以清楚表达复杂的空间剖面关系，还能够将离散的二维图纸信息集中到一个模型当中，这样的模型能够更加紧密地实现与预制工厂的协同和对接。

BIM模型可以完成构件加工、制作图纸的深化设计。例如，利用Tekla Structures等深化设计软件真实模拟结构深化设计（图4-2），通过软件自带功能将所有加工详图（包括布量图、构件图、零件图等）利用三视图原理进行投影、剖面生成深化图纸，图纸上的所有尺寸，包括杆件长度、断面尺寸、杆件相交角度均是在杆件模型上直接投影产生的。

图4-2　钢结构BIM深化模型

（二）构件生产指导

BIM建模是对建筑的真实反映，在生产加工过程中，BIM信息化技术可以直观地表达出配图的空间关系和各种参数情况，能自动生成构件下料单、派工单、模具规格参数等生产表单，并且能通过可视化的直观表达帮助工人更好地理解设计意图，可以形成BIM生产模拟动画、流程图、说明图等辅助培训的材料，有助于提高工人的生产效率和质量。

（三）通过BIM实现预制构件的数字化制造

借助工厂化、机械化的生产方式，采用集中、大型的生产设备，将BIM信息数据输入设备，就可以实现机械的自动化生产，这种数字化建造的方式可以大大提高工作效率和生产质量。比如，现在已经实现了钢筋网片的商品化生产，符合设计要求的钢筋在工厂自动下料、自动成形、自动焊接（绑扎），可形成标准化的钢筋网片。

钢结构数字化加工是通过产品工序化管理，将以批次为单位的图纸和模型信息、材料信息、进度信息转化为以工序为单位的数字化加工信息，借助先进的数据采集手段，以钢结构 BIM 模型作为信息交流的平台，通过施工过程信息的实时添加和补充完善，进行可视化的展现，实现钢结构数字化加工。钢结构工程的基本产品单元是钢构件，钢构件的生产加工具有全过程的可追溯性，以及明确划分工序的流水作业特点。随着社会生产力的发展，钢结构制造厂通过新设备的引进、对已有设备的改造以及生产管理方式的变革等措施，具备了与各自生产力相适应的数字化加工条件和能力。在基于 BIM 技术的钢结构数字化加工过程中，从事生产制造的工程技术人员可以直接从 BIM 模型中获取数字化加工信息，同时将数字化加工的成果反馈到 BIM 模型中，提高数据处理的效率和质量。

（四）构件详细信息全过程查询

作为施工过程中的重要信息，检查和验收信息将被完整地保存在 BIM 模型中，相关单位可快捷地对任意构件进行信息查询和统计分析，在保证施工质量的同时，也能使质量信息在运维期有据可循。

三、进度管理

工程建设项目的进度管理是指对工程项目各建设阶段的工作内容、工作程序、持续时间和逻辑关系制定计划，并将该计划付诸实施。在实施过程中经常检查实际进度是否按计划要求进行，分析出现偏差的原因，采取补救措施或调整、修改原计划，直至工程竣工、交付使用。进度控制的最终目标是确保进度的实现。工程建设监理进行的进度控制是指为使项目按计划要求的时间使用而开展的有关监督管理活动。

在实际工程项目进度管理过程中，虽然有详细的进度计划及网络图、横道图等技术做支撑，但是"破网"事故仍时有发生，对整个项目的经济效益产生了直接影响。通过对事故进行调查，分析得出有如下主要原因：建筑设计缺陷带来的进度管理问题、施工进度计划编制不合理造成的进度管理问题、现场人员的素质低下造成的进度管理问题、参与方沟通和衔接不畅导致的进度管理问题和施工环境影响进度管理问题等。

（一）施工进度计划编制

施工项目中进度计划和资源供应计划繁多，除了土建外，还有幕墙、机电、装饰、消防、暖通等分项进度、资源供应计划。为正确地安排各项进度和资源的配置，尽最大可能减少各分项工程间的相互影响，工程采用BIM技术建立4D模型，并结合其模型进度计划编制成初步进度计划，最后将初步进度计划与三维模型结合形成4D模型的进度、资源配置计划。施工进度计划编制的内容主要包括：依据模型，确定方案，排定计划，划分流水段；BIM施工进度用季度卡来编制计划；将周和月结合在一起，假设后期需要任何时间段的计划，只需在这个计划中过滤一下就可自动生成。

（二）BIM施工进度4D模拟

当前建筑工程项目管理中经常用图表示进度计划，但由于其专业性强、可视化程度低，无法清晰描述施工进度以及各种复杂关系，难以准确表达工程施工的动态变化过程。通过BIM与施工进度计划相链接，将空间信息与时间信息整合在一个可视的4D（3D+Time）模型中，不仅可以直观、精确地反映整个建筑的施工过程，还能够实时追踪当前的进度状态，分析影响进度的因素，协调各专业，制定应对措施，以缩短工期、降低成本、提高质量。

目前常用的4D BIM施工管理系统或施工进度模拟软件很多。利用此类管理系统或软件进行施工进度模拟大致分为以下五步：

1. 将BIM模型进行材质赋予；

2. 制定Project计划；

3. 将Project文件与BIM模型链接；

4. 制定构件运动路径，并与时间链接；

5. 设置动画视点并输出施工模拟动画。

通过4D施工进度模拟，能够完成以下内容：基于BIM施工组织，对工程重点和难点的部位进行分析，制定切实可行的对策，依据模型，确定方案，排定计划，划分流水段；BIM施工进度计划用季度卡来编制，将周和月结合在一起，假设后期需要任何时间段的计划，只需在这个计划中过滤一下即可自动生成；做到对现场的施工进度进行每日管理。

（三）BIM施工安全与冲突分析系统

时变结构和支撑体系的安全分析通过模型数据转换机制，自动由4D施工信息模型生成结构分析模型，进行施工期时变结构与支撑体系任意时间点的力学分析计算和安全性能评估。

施工过程进度／资源成本的冲突分析可通过动态模拟展现各施工段的实际进度与计划的对比关系，实现进度偏差和冲突分析、预警；可指定任意日期，自动计算所需人力、材料、机械、成本，进行资源对比分析和预警；可根据清单计价和实际进度计算实际费用，分析任意时间点的成本及其影响关系。

基于施工现场 4D 时空模型和碰撞检测算法，可对构件与管线、设施与结构进行动态碰撞检测和分析。

（四）BIM建筑施工优化系统

建立进度管理软件 P3／P6 数据模型与离散事件优化模型的数据交换，基于施工优化信息模型，实现了基于 BIM 和离散模拟的施工进度、资源和场地优化及过程模拟。具体包括以下两点：

1.基于 BIM 和离散事件模拟的施工优化通过对各项工序的模拟计算，得出工序工期、人力、机械、场地等资源的占用情况，对施工工期、资源配置以及场地布置进行优化，实现多个施工方案的比选。

2.基于过程优化的 4D 施工过程模拟将 4D 施工管理与施工优化进行数据集成，实现了基于过程优化的 4D 施工可视化模拟。

BIM-4D 模型不仅具有三维模型的可视化特点，还可以在查看任一时间参数的三维模型，管理人员对计划完成时间与实际完成时间进行对比分析。本书通过文献阅读，总结出 BIM 在施工阶段进度管理中主要的应用点如下：

1.编制进度计划

编制项目进度计划是进度控制的第一步。传统的进度计划编制工作，首先是运用 WBS 对项目进行分解，确定定义项目范围，然后根据资源分配和相关成本费用确定作业定义，最后通过作业工期估算、作业逻辑关系确定项目活动的具体时间安排，完成项目的进度计划编制工作。通过进度计划，施工项目各项工作都得到了具体的安排，确保了施工工期目标的实现。编制进度计划的一般流程如图4-3 所示。

基于 BIM 技术的进度计划编制，是在传统计划编制流程的基础上对进度计划进行优化，使进度计划更加合理。项目各参与方都能在 BIM 信息平台上进行互动沟通，还可以运用虚拟施工和 AR 技术对进度计划进行多次模拟，在进度计划执行前发现可能存在的不利因素，并采取预防措施，优化施工进度计划，合理安排施工作业。

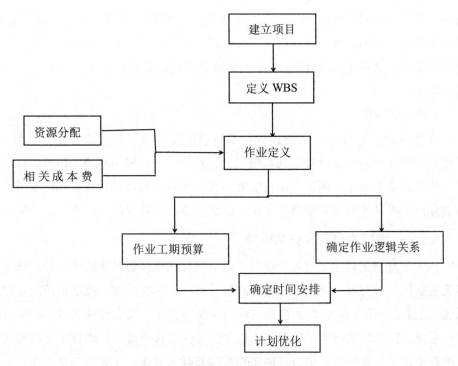

图 4-3　进度计划编制一般流程图

项目进度计划包括总进度计划、二级进度计划、日常进校计划三个层次，如图 4-4 所示，总进度计划确定了一系列高层级活动及工作包的起始、结束时间；二级进度计划则是通过对总进度计划里程碑节点的仿真模拟得出的；日常工作计划是进度计划中最基础的一部分，它可以精确到施工现场的每一道工序，确保每一道工序都能进行完整仿真模拟，在一定程度上确保进度计划的落实。

图 4-4　进度计划的内容

2.进度控制与纠偏

计划不是一成不变的，而且工程项目具有复杂性、影响因素多等特点，在编制完项目进度计划后，需要对进度的执行情况进行跟踪，对进度数据进行分析，并对比实际进度情况与进度计划内容，发现偏差并及时处理，确保顺利完成工期目标。基于 BIM 技术的进度控制方法更加精确、可靠，实现了动态的进度控制，当实际进度与计划进度出现偏差时，BIM 团队对偏差产生的原因进行分析，各参建单位相关工程师在 BIM 信息平台上共同商讨出纠偏措施，大大提升了进度偏差处理速度。

3.进度后分析

在项目施工完成后，利用 BIM 技术对进度控制效果进行综合评价。在 BIM 平台上将进度控制的全过程与初始模型进行对比，可以输出相应的报表。这一过程不仅包含施工单位，还涉及项目实施的其他参与方和项目过程数据信息等，清晰地分析了项目各参与方所做的工作、效率以及各方的责任。

（五）三维技术交底及安装指导

在大型复杂工程施工技术交底时，工人往往难以理解技术要求。针对技术方案无法细化、不直观、交底不清晰的问题，有以下解决方案：改变传统的思路与做法（通过纸介质表达），转由借助三维技术呈现技术方案，使施工重点、难点部位可视化，提前预见问题，确保工程质量，加快工程进度。三维技术交底即通过三维模型让工人直观地了解自己的工作范围及技术要求，主要有两种方法：一是虚拟施工和实际工程照片对比，二是将整个三维模型进行打印输出，用于指导现场的施工，方便现场的施工管理人员拿图纸进行施工指导和现场管理。

对钢结构而言，关键节点的安装质量至关重要。安装质量不合格，轻者将影响结构受力形式，重者将破坏整个结构。三维 BIM 模型可以提供关键构件的空间关系及安装形式，方便技术交底并且有利于施工人员深入了解设计意图。

（六）云端管理

项目在 BIM 专项应用阶段，通过专业 BIM 软件公司的公有云或企业自己的私有云建立 BIM 信息共享平台，作为 BIM 团队数据管理、任务发布和图档信息管理的平台。项目采用私有云与公共云相结合的方式，各专业模型在云端集成，进行模型版本管理等，同时将施工过程来往的各类文件存储在云端，直接在云端进行流通，极大地提升了信息传输效率，加快了管理进度。

（七）传统施工阶段进度管理存在的问题

1.不能对发现的问题立即做出决策、不能实现动态进度控制是传统进度管理方法的最大缺点；做出决定时不能立即发现问题、不能实现动态进度控制是传统的日程管理方法的最大缺点。在传统进度控制过程中，一般都是在事后才采取纠偏措施进行弥补，通常情况下不能及时地发现问题，同时由于现阶段基于二维的手段导致及时发现进度滞后，各个参建方需要先进行消化，再采取措施制定方案，而当真正采取措施的时候，已经错过了问题的最佳解决时机，如此循环会造成进度的拖延，甚至影响项目成本和质量。

2.传统方法不利于规范化和精细化管理。传统的进度管理方法很大程度上取决于管理者的经验，受主观因素影响比较大，不能实现施工进度的规范化和精细化管理，从而影响施工进度。

3.二维设计图形象性差。传统进度控制是建立在二维图纸上，施工单位管理人员未能充分了解图纸上表达的信息，可能会因为个人主观的意向而对于图纸的信息理解有误，从而造成进度控制不够完善的问题。

（八）传统施工阶段进度管理问题产生的原因

传统模式下的进度管理工作存在发现问题时不能立即做出决策、传统方法不利于规范化和精细化管理、二维设计图形象性差、影响施工进度、浪费资源等问题，这些问题产生的原因有很多，主要为信息沟通不畅和管理模式不完善两大类。

1.参与方沟通和衔接不畅。由于施工阶段涉及众多参与方，而且进度偏差表达形式也复杂，造成在实际施工中某单位独自获得了进度偏差的信息和纠偏措施而没有同步告知项目的其他参与单位；由于不同阶段的要求不同，设计阶段的数据与施工阶段的数据存在衔接不畅等情况，上述情况都会造成工期的延误。

2.管理模式不够完善。管理模式的主要原因是进度计划抽象、二维图纸形象性差、难以对进度进行总体筹划，一旦进度计划出现问题，不易对其进行检查。由于现场人员素质不高及施工环境的影响，现场管理人员往往根据个人经验编制进度计划，容易导致进度计划存在不合理之处，再加上施工环境的复杂性和不确定性，有可能对项目进度产生严重影响。

（九）BIM在施工阶段进度管理上的优势分析

传统工程项目管理中进度计划由于专业要求高、直观性差等缺点，不能清晰地、直观地描述工程进度以及各工序之间的关系。通过建立 4D 施工进度模型，不仅可以直观地反映项目的施工过程，而且还能实时追踪当前的进度状态，分析影响进度的因素，协调各专业制定应对措施，以缩短工期、降低成本、提高质量。

BIM 技术的引入给施工阶段进度管理带来了不同的体验，主要体现为以下几个方面：

1.提高全过程的协同效率

基于 3D 的 BIM 沟通语言具有方便易懂、直观性好等特点，提升了沟通效率；基于互联网的 BIM 技术能够建立起高效的数据沟通平台：所有参建单位在授权的情况下，可随时随地获取项目最新的工程数据，实现了一对多传递信息、效率提升；基于 BIM 软件系统的计算，提高了进度信息沟通协调的效率，BIM 技术还可以减少协同的时间投入。

2.碰撞检查，减少变更和返工进度损失

BIM 技术的碰撞检查功能可以在很大程度上缩短工程进度，减少了由于各专业综合管线碰撞而引起的进度损失。大量的专业冲突不但拖延了工程进度，导致工程返工、废弃，造成了人工和材料的浪费。由于当前设计与施工的分离，设计单位提供图纸往往不能直接用于施工，设计成果还存在很多只有深入研究才能发现的问题，只有通过深化设计才能应用于施工。在当前的产业机制下，利用 BIM 系统实时追踪施工过程，及时发现和处理问题，能给施工项目带来巨大的进度效益。

3.加快支付审核

当前在很多工程中，由于过程进度支付争议引起工程纠纷的项目有很多，业主方缓慢的支付审核导致了承包商拖延工程进度，这不仅造成了工程材料、人力的浪费，而且还影响了承包商的积极性。业主方利用 BIM 系统的数据处理，对承包商递交的付款申请单进行快速校核，并及时将校核结果反馈给承包商，确保进度款及时支付。除了上述优势外，BIM 技术还可以利用其算量软件系统，大大加快了工程量清单的编制工作，进而加快了招投标组织工作；随时获取准确数据，加快了各项采购及生产计划的编制工作；BIM 形成了多维度结构化数据库，可以实时实现数据的整理和分析，提升项目决策效率。

四、质量管理

《质量管理体系基础和术语》（GB/T19000—2016）中对质量的定义为：一组固有特征满足要求的程度。质量的主体不仅包括产品，而且包括过程、活动的工作

质量，还包括质量管理体系运行的效果。工程项目质量管理是指在力求实现工程项目总目标的过程中，为满足项目的质量要求所开展的有关管理监督活动。

在工程建设中，无论是勘察、设计、施工还是机电设备的安装，影响工程质量的因素主要有人、机、料、法、环五大方面，即人工、机械、材料、方法、环境，所以工程项目的质量管理主要是对这五个方面进行控制。

工程实践表明，大部分传统管理方法理论上的作用很难在工程实际中得到发挥。受实际条件和操作工具的限制，这些方法的理论作用只能得到部分发挥，甚至得不到发挥，影响了工程项目质量管理的工作效率，使得工程项目的质量目标最终不能完全实现。

工程施工过程中，施工人员专业技能不足、材料的使用不规范、不按设计或规范进行施工、不能准确预知完工后的质量效果、各个专业工种相互影响等问题对工程质量管理造成了一定的影响。

BIM 技术的引入不仅可以提供一种"可视化"的管理模式，而且能够充分发掘传统技术的潜在能量，使其更充分、更有效地为工程项目质量管理工作服务。传统的二维管控质量的方法是将各专业平面图叠加，结合局部剖面图，设计审核校对人员凭借经验发现错误，难以全面控制。而三维参数化的质量控制则是利用三维模型，通过计算机自动实时检测管线碰撞，精确性高。传统二维质量控制与三维质量控制的优缺点对比见表4-1。

表4-1 传统二维质量控制与三维质量控制的优缺点对比

传统二维质量控制的缺点	三维质量控制的优点
手工整合图纸，凭借经验判断，难以全面分析	计算机自动在各专业间进行全面检验，精确度高
均为局部调整，存在顾此失彼情况	在任意位置剖切大样及轴测图大样，观察并调整该处管线标高位置
标高多为原则性确定相对位置，大量管线没有精确确定标高	轻松发现影响净高的瓶颈位置
通过"平面＋局部剖面"的方式，对于多管交叉的复制部位表达不够充分	在综合模型中直观地表达碰撞检测结果

基于 BIM 的工程项目质量管理包括产品质量管理及技术质量管理。

1.产品质量管理：BIM 模型储存了大量的建筑构件、设备信息。通过软件平台可快速查找所需的材料及构配件信息，包括材质、尺寸要求等，并可根据 BIM

设计模型对现场施工作业产品进行追踪、记录、分析，掌握现场施工的不确定因素，避免不良后果的出现，监控施工质量。

2.技术质量管理：通过 BIM 的软件平台动态模拟施工技术流程，再由施工人员按照仿真施工流程施工，确保施工技术信息的传递不会出现偏差，避免实际做法和计划做法不一致的情况出现，减少不可预见情况的发生，监控施工质量。

（一）BIM在工程项目质量管理中的关键应用点

1.建模前期协同设计

在建模前期，需要建筑专业和结构专业的设计人员大致确定用顶高度及结构梁高度；对于净高要求严格的区域，提前告知机电专业人员；各专业针对空间狭小、管线复杂的区域，协调出二维局部剖面图。建模前期协同设计的目的是在建模前期就解决部分潜在的管线碰撞问题，对潜在质量问题进行预知。

2.碰撞检测

传统二维图纸设计中，在汇总结构、水暖、电力等各专业设计图纸后，由总工程师人工发现和协调问题，人为失误在所难免，施工中会出现很多冲突，造成建设投资的巨大浪费，还会影响施工进度。另外，由于各专业承包单位在实际施工过程中对其他专业或者工种、工序的不了解，甚至是漠视，产生的冲突与碰撞也比比皆是。但在施工过程中，这些碰撞的解决方案，往往受到现场已完成部分的限制，大多只能牺牲某部分利益、效能而被动地变更。研究表明，施工过程中相关各方有时需要付出非常大的代价来弥补由设备管线碰撞引起的拆装、返工和浪费。

目前，BIM 技术在三维碰撞检查中的应用已经比较成熟，依靠其特有的直观性及精确性，在设计建模阶段就可一目了然地发现各种冲突与碰撞。在水、暖、电建模阶段，利用 BIM 随时自动检测及解决管线设计初级碰撞，其效果相当于将校核部分工作提前进行，这样可大大提高成图质量。碰撞检测的实现主要依靠虚拟碰撞软件，其实质为 BIM 可视化技术，施工设计人员在建造之前就可以对项目进行碰撞检查，不仅能彻底消除硬碰撞、软碰撞，优化工程设计，减少在建筑施工阶段可能存在的错误损失和返工的可能性，而且能够优化净空和管线排布方案。最后施工人员可以利用碰撞优化后的三维方案，进行施工交底、施工模拟，提高施工质量，同时提高与业主沟通的能力。

碰撞检测可以分为专业间碰撞检测及管线综合的碰撞检测。专业间碰撞检测主要包括土建专业之间（如检查标高、剪力墙、柱等位置是否一致，梁与门是否冲突）、土建专业与机电专业之间（如检查设备管道与梁柱是否冲突）、机电各专业间（如检查管线末端与室内吊顶是否冲突）的软、硬碰撞点检查；管线综合的碰撞检测主要包括管道专业系统内部检查、暖通专业系统内部检查、电气专业系统内部检查，以及管道、暖通、电气、结构专业之间的碰撞检查等。另外，管线空间布局问题，如机房过道狭小等问题也是常见的碰撞内容之一。

在对项目进行碰撞检测时，要遵循如下检测优先级顺序：①土建碰撞检测；②设备内部各专业碰撞检测；③结构与给水排水、暖、电专业碰撞检测等；④解决各管线之间交叉问题。其中，全专业碰撞检测的方法如下：完成各专业的精确三维模型建立后，选定一个主文件，以该文件轴网坐标为基准，将其他专业模型链接到该主模型中，最终得到一个包括土建、管线、工艺设备等全专业的综合模型。该综合模型真正地为设计提供了模拟现场施工碰撞检查的平台，在这个平台上完成仿真模拟现场碰撞检查，并根据检测报告及修改意见对设计方案进行合理评估并做出设计优化决策，然后再次进行碰撞检测……如此循环，直至解决所有的硬碰撞、软碰撞。

显而易见，常见的碰撞内容复杂、种类较多，且碰撞点很多，甚至高达上万个，如何对碰撞点进行有效标识与识别？这就需要采用轻量化模型技术，把各专业三维模型数据以直观的模式存储于展示模型中。模型碰撞信息采用"碰撞点"和"标识签"进行有序标识，通过结构树形式的"标识签"可直接定位到碰撞位置。碰撞检测完毕后，在计算机上以该命名规则出具碰撞检查报告，方便快速地读出碰撞点的具体位置与碰撞信息。

在读取并定位碰撞点后，为了更加快速地给出针对碰撞检测中出现的"软""硬"碰撞点的解决方案，一般将碰撞问题分为以下五类：

（1）重大问题，需要业主协调各方共同解决。

（2）由设计方解决的问题。

（3）由施工现场解决的问题。

（4）因未定因素（如设备）而遗留的问题。

（5）因需求变化而带来的新问题。

针对由设计方解决的问题，可以通过多次召集各专业主要骨干参加三维可视化协调会议的办法，把复杂的问题简单化，同时将责任明确到个人，从而顺利地完成管线综合设计、优化设计，得到业主的认可。针对其他问题，则可以通过三维模型截图、漫游文件等协助业主解决。另外，管线优化设计应遵守以下五项原则：

(1) 在非管线穿梁、碰柱、穿吊顶等必要情况下，尽量不要改动。

(2) 只需调整管线安装方向即可避免的碰撞，属于软碰撞，可以不修改，以减少设计人员的工作量。

(3) 需满足建筑业主要求，对没有碰撞但不满足净高要求的空间，也需要进行优化设计。

(4) 管线优化设计时，应预留安装、检修空间。

(5) 管线避让原则：有压管避让无压管；小管线避让大管线；施工简单管避让施工复杂管；冷水管道避让热水管道；附件少的管道避让附件多的管道；临时管道避让永久管道。

3.大体积混凝土温度监测

使用自动化监测管理软件进行大体积混凝土温度的监测，将测温数据无线传输自动汇总到分析平台上，通过对各个测温点的分析，形成动态监测管理系统。电子传感器按照测温点布置要求，直接自动将温度变化情况输出到计算机，形成温度变化曲线图，可以随时远程动态监测大体积混凝土的湿度变化情况 (图 4-5)。根据温度变化情况，随时加强养护，确保大体积混凝土的施工质量，确保在工程大体积筏扳基础混凝土浇筑后不出现由于温度变化剧烈引起的温度裂缝，降低温度应力的影响。

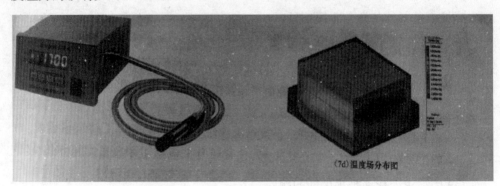

图 4-5　基于 BIM 技术的大体积混凝土温度检测

4.施工工序管理

工序质量控制就是对工序活动条件即工序活动投入的质量、工序活动效果的质量及分项工程质量的控制。在利用BIM技术进行工序质量时着重于以下四方面的工作：

（1）利用BIM技术能够更好地确定工序质量，控制工作计划。一方面要求对不同的工序活动制定专门的保证质量的技术措施，做出物料投入及活动顺序的专门规定；另一方面要规定质量控制工作流程、质量检验制度。

（2）利用BIM技术主动控制工序活动条件的质量。工序活动条件主要指影响质量的五大因素，即人力、材料、机械设备、方法和环境。

（3）能够及时检验工序活动效果的质量。主要是实行班组自检、互检、上下道工序交接检，特别是对隐蔽工程和分项（部）工程的质量检验。

（4）利用BIM技术设置工序质量控制点（工序管理点），实行重点控制。工序质量控制点是针对影响质量的关键部位或薄弱环节确定的重点控制对象。正确设置控制点并严格实施是进行工序质量控制的重点。

5.信息查询和搜集

BIM技术具有高集成化的特点，其模型实质为一个庞大的数据库，在进行质量检查时可以随时调用模型，查看各个构件（例如预埋件位置查询），起到对整个工程逐一排查的作用，事后控制极为方便。

（二）传统施工阶段质量管理存在的问题

1.施工人员专业技能普遍不高

在很多施工项目中都存在着施工人员专业技能水平不高等现象，这严重影响了工程项目产品的质量水平。造成这一现象的原因主要是施工人员总体的素质不高，再加上施工企业对施工人员的管理和培训不到位，使得专业技能水平不达标的施工人员参加施工，造成了一系列工程质量问题。

2.材料使用不规范

我国对材料质量有着严格的规定，不合格或不符合相关规定的材料是严禁用于建筑施工的。但是实际上很多施工单位都对施工质量的管理不重视，有的甚至为达到利益最大化使用不合格或不规范的材料，导致工程质量出现问题。

3.施工不规范

在工程项目实际施工中，相关标准和规范经常被突破，主要有两个方面原因，一方面是因为施工人员对设计和规范的理解与设计人员本身的意图存在差异，另一方面是因为施工项目管理的疏漏，最终造成工程项目无法完成预定的质量目标。

4.控制手段有限

传统模式下的质量控制系统并不完善，在施工过程中许多质量问题都需要项目工作人员根据个人经验进行处理。对项目工作人员要求高，且容易引起主观性的错误判断，导致处理效率低下。

（三）传统施工阶段质量管理问题产生的原因

由于施工现场不可控因素太多，传统施工阶段质量问题产生的原因有很多，例如实际条件和操作工具的限制、施工人员专业技术不足、不按设计或规范进行施工、各专业相互影响等诸多原因，但究其根本，作者认为主要原因是施工企业对效益的过分追求和质量管理体系不能充分发挥作用，具体内容如下：

1.施工企业对效益过分的追求

"百年大计、质量第一"，工程质量是业主和施工企业最为关心的核心目标，项目管理必须把质量管理放在首位。而目前在施工行业经常发生偷工减料、以次充好、粗制滥造和粗放管理等现象，导致很多豆腐渣工程的出现。施工企业往往为追求利益最大化，以牺牲建筑产品质量为代价。施工企业应把眼光放得更长远一些，在项目管理中，施工企业应该权衡好质量与成本的关系，要确保在成本控制得当的情况下，工程项目质量也有保证。

2.质量管理系统不能充分发挥作用

质量管理系统是一个全面、全过程的系统控制过程，而不只是单单针对质量检查。传统的质量管理方法轻视事前和事中控制，只是在事后控制阶段对质量问题进行弥补，然而事后弥补并不能有效地解决和预防质量问题。此外，受到施工工作人员的主观意志影响，工作人员一般都是通过多年的个人施工经验来处理问题，往往不按照事先制定的质量管理计划进行管理，这阻碍了质量管理系统充分发挥其真正的作用。

（四）BIM在施工阶段质量管理中的优势分析

BIM 技术的引入不仅提供了可视化管理模式，而且能够充分发挥传统技术的潜在能量，使其更加充分、有效地为施工阶段质量管理服务。对于施工阶段的质量控制来说，在 BIM 提供的平台下，项目各参与方根据自身要求对质量控制点进行监控，为项目各参与方的质量控制提供了便利，具体如下：

1. 施工方

施工单位的质量管理主要聚焦于建筑产品质量及技术质量，BIM 技术的可视化和对数据信息的追踪、处理、分析等特点，使得施工单位的产品及技术质量得到保证，也确保了工程项目质量。

2. 建设方

业主能够从整体上纵观工程质量，BIM 为业主提供了一个更加清晰、直观的多维度工程建设概况模型，为质量监管创造条件。

3. 监理方

监理方主要负责质量监督和质量验收等工作，运用 BIM 技术可以实现实时监测或监督质量验收问题。

五、安全管理

安全管理（Safety Management）是管理科学的一个重要分支，它是为实现安全目标而进行的有关决策、计划、组织和控制等方面的活动；其主要运用现代安全管理原理、方法和手段，分析和研究各种不安全因素，从技术上、组织上和管理上采取有力的措施，解决和消除各种不安全因素，防止事故的发生。

施工现场安全管理的内容，大体可归纳为安全组织管理、场地与设施管理、行为控制和安全技术管理四方面，分别对生产中的人、物、环境的行为与状态，进行具体的管理与控制。

传统的安全控制难点与缺陷主要体现在以下四方面：

1. 建设项目施工现场环境复杂，安全隐患无处不在；

2. 安全管理方式、管理方法与建筑业发展脱节；

3. 微观安全管理方面研究程度尚浅；

4. 施工作业人员的安全意识薄弱。

基于 BIM 技术的项目安全管理与传统管理方式相比具有较大的优势，具体如表 4-2 所示。

表 4-2　BIM 技术在项目安全管理中的优势

序号	优势
1	基于 BIM 的整理模式是创建信息、管理信息、共享信息的数字化方式，在工程安全管理方面具有很多的优势，如基于 BIM 的项目管理，工程加数据如量、价等，数据准确、数据透明、数据共享，能完全实现对资金安全的短周期、全过程控制
2	基于 BIM 技术，可以提供施工合同、支付凭证、施工变更等工程附件管理，并对成本测算、招投标、签证、支付等全过程造价进行管理
3	BIM 数据模型保证了各项目的数据动态调整，可以方便统计、追溯各个项目的现金流和资金状况
4	基于 BIM 的 4D 虚拟建造技术能提前发现在施工阶段可能出现的问题，并逐一改正，提前制定应对措施
5	用 BIM 技术，可以对火灾等安全隐患进行及时处理，从而减少不必要的损失，快速对突发事件进行应变和处理，快速准确地掌握建筑物的运营情况

下面对 BIM 技术在工程项目安全管理中的具体应用进行介绍。

1.施工准备阶段安全控制

在施工准备阶段，利用 BIM 进行与实践相关的安全分析，能够降低施工安全事故发生的可能性。例如 4D 模拟与管理、安全表现参数的计算等，可以在施工准备阶段排除很多建筑安全风险；BIM 虚拟环境划分施工空间，排除安全隐患；基于 BIM 及相关信息技术的安全规划可以在施工前的虚拟环境中发现潜在的安全隐患并予以排除；采用 BIM 模型结合有限元分析平台，可以进行力学计算，保障施工安全；通过模型可以发现施工过程中的重大危险源并实现危险源自动识别。

2.施工过程仿真模拟

仿真分析技术能够模拟建筑结构在施工过程中不同时段的力学性能和变形状态，为结构安全施工提供保障。通常采用大型有限元软件来实现结构的仿真分析，但对于复杂建筑物的模型建立需要耗费较多时间。在 BIM 模型的基础上，开发相应的有限元软件接口，实现三维模型的传递，再附加材料属性、边界条件和荷载条件，结合先进的时变结构分析方法，便可以将 BIM、4D 技术和时变结构分析方法结合起来，实现基于 BIM 的施工过程结构安全分析，能有效捕捉施工过程中可能存在的危险状态，指导安全维护措施的编制和执行，防止发生安全事故。

3.模型试验

对于结构体系复杂、施工难度大的结构，结构施工方案的合理性与施工技术的安全可靠性都需要验证，为此要利用 BIM 技术建立试验模型，对施工方案进行动态展示，从而为试验提供模型基础信息。

4.施工动态监测

近年来建筑安全事故不断发生，人们的防灾减灾意识也有很大提高，结构监测研究也已成为国内外的前沿课题之一。对施工过程特别是对重要部位和关键工序进行实时施工监测，可以及时了解施工过程中结构的受力和运行状态。施工监测技术的是否先进合理对施工控制有至关重要的作用，这也是施工过程信息化的一个重要内容。为了及时了解结构的工作状态，发现结构未知的损伤，建立工程结构的三维可视化动态监测系统就显得十分迫切。

三维可视化动态监测技术较传统的监测手段具有可视化的特点，可以人为操作在三维虚拟环境下漫游，提前直观、形象地发现现场的各类潜在危险源，提供更便捷的方式察看监测位置的应力应变状态，在某一监测点应力或应变超过拟订的范围时，系统将自动报警以给予提醒。

使用自动化监测仪器进行施工过程结构观测时，可以将感应元件监测的数据自动汇总到基于 BIM 平台开发的安全监测软件上。通过分析数据，并将其与现场实际测量的数据进行对比，可以形成动态的监测管理，确保结构在施工过程中的安全稳定性。

通过信息采集系统得到的结构施工期间不同部位的监测值，根据施工工序判断每时段的安全等级，并在终端上实时显示现场的安全状态和存在的潜在威胁，可以给予管理者直观指导。某工程检测系统前台对不同安全等级的显示规则及提示见表4-3。

表4-3　某工程检测系统前台对不同安全等级的显示规则及提示

级别	对应颜色	禁止工序	可能造成的结果
一级	绿色	无	无
二级	黄色	机械进行、停放	坍塌
三级	橙色	机械进行、停放	坍塌
		危险区域内人员活动	坍塌、人员伤害
四级	红色	基坑边堆载	坍塌
		危险区域内人员活动	坍塌、人员伤害
		机械进行、停放	坍塌、人员伤害

5.防坠落管理

坠落危险源包括尚未建成的楼梯井和天窗等。通过在 BIM 模型中的危险源存在部位建立坠落防护栏杆构件模型，研究人员能够清楚地识别多个坠落风险，且可以向承包商提供完整、详细的信息，包括安装或拆卸栏杆的地点和日期等。

6.塔式起重机安全管理

大型工程施工现场密集布置多个塔式起重机同时作业，因塔式起重机旋转半径不足而造成的施工碰撞也屡屡发生。确定塔式起重机回转半径后，在整体 BIM 施工模型中布置不同型号的塔式起重机，能够确保其同电源线和附近建筑物的安全距离，确定哪些员工在哪些时候会使用塔式起重机。在整体施工模型中，可以用不同颜色的色块来标明塔式起重机的回转半径和影响区域，并进行碰撞检测生成塔式起重机回转半径内的任何非钢安装活动的安全分析报告。该报告可以用于项目定期安全会议中，减少由于施工人员和塔式起重机缺少交互而产生的意外风险。

7.灾害应急管理

随着建筑设计的发展，某些规范已经无法满足超高型、超大型或异型建筑空间的消防设计需求。利用 BIM 及相应灾害分析模拟软件，可以在灾害发生前模拟灾害发生的过程，分析灾害发生的原因，制定避免灾害发生的措施，以及发生灾害后人员疏散、救援支持的应急预案，以减少灾害损失。BIM 能够模拟人员疏散时间、疏散距离、有毒气体扩散时间、建筑材料耐燃烧极限、消防作业面等，主要表现为 4D 模拟、3D 漫游和 3D 渲染标识各种危险，并且在 BIM 中生成的 3D 动画、渲染能够用来同工人沟通应急预案和计划方案。应急预案包括施工人员的入口 / 出口、建筑设备和运送路线、临时设施和拖车位置、紧急车辆路线、恶劣天气的预防措施；利用 BIM 数字化模型进行物业沙盘模拟训练，提高安保人员对建筑物的熟悉程度；在模拟灾害发生时，通过 BIM 数字模型指导大楼人员进行快速疏散；通过对事故现场人员感官的模拟，使疏散方案更合理；通过 BIM 模型判断监控摄像头布置是否合理，与 BIM 虚拟摄像头关联，可随意打开任意视角的摄像头，摆脱传统监控系统的弊端。

另外，当灾害发生后，BIM 模型可以提供救援人员紧急状况点的完整信息，配合温感探头和监控系统发现温度异常区，获取建筑物及设备的状态信息，通过 BIM 和楼宇自动化系统的结合，使得 BIM 模型能清晰地呈现出建筑物内部紧急状况的位置，甚至能找到紧急状况点最合适的路线，救援人员可以由此做出正确的现场处置，提高应急行动的成效。

六、成本管理

成本控制（Cost Control）是企业根据一定时期预先建立的成本管理目标，由成本控制主体在其职权范围内，在生产耗费发生之前和成本控制过程中，对各种影响成本的因素和条件采取的一系列预防和调节措施，以保证成本管理目标实现的管理行为。

成本控制的过程是运用系统工程的原理对企业在生产经营过程中进行计算、调节和监督的过程，也是一个发现薄弱环节，挖掘内部潜力，寻找一切可能降低成本途径的过程。科学地组织实施成本控制，可以促进企业改善经营管理，转变经营机制，全面提高企业素质，使企业在市场竞争的环境下生存、发展和壮大。然而，工程成本控制一直是项目管理中的重点及难点，其主要难点有数据量大、涉及部门和岗位众多、对应分解困难、消耗量和资金支付情况复杂等。

基于 BIM 技术，建立成本的 5D（3D 实体、时间、造价）关系数据库，以各 WBS（Work Breakdown Structure，工作分解结构的缩写，是项目管理重要的专业术语之一）单位工程量"人材机"单价为主要数据进入成本 BIM 中，能够快速实行多维度（时间、空间、WBS）成本分析，从而对项目成本进行动态控制。其解决方案操作方法如下：

1. 创建基于 BIM 的实际成本数据库。建立成本的 5D 关系数据库，使实际成本数据及时进入 5D 关系数据库，成本汇总、统计、拆分对应瞬间可得，以各 WBS 单位工程量"人材机"单价为主要数据进入实际成本 BIM。未由合同确定单价的项目，按预算价先进入；有实际成本数据后，及时按实际数据将预算价替换掉。

2. 实际成本数据及时进入数据库。初始实际成本 BIM 中成本数据以采取合同价和企业定额消耗量为依据。随着进度进展，实际消耗量与定额消耗量会有差异，要及时调整。每月对实际消耗进行盘点，调整实际成本数据，化整为零，动态维护实际成本 BIM，能大幅减少一次性工作量，并利于保证数据准确性。

3. 快速实行多维度（时间、空间、WBS）成本分析。建立实际成本 BIM 模型，周期性（月、季）按时调整。维护好该模型，统计分析工作就会变得很轻松，软件强大的统计分析能力可轻松满足各种成本分析需求。

（一）BIM技术在工程项目成本控制中的应用

1.成本核算

BIM 是一个强大的工程信息数据库。进行 BIM 建模所完成的模型包含二维图纸中所有位置长度等信息，并包含了二维图纸中不包含的材料等信息，而这背后是由强大的数据库支撑的。因此，计算机通过识别模型中的不同构件及模型的几何物理信息（时间维度、空间维度等），对各种构件的数量进行汇总统计，这种基于 BIM 的算量方法将大幅度简化算量工作，减少了人为原因造成的计算错误，大量减少了人力的工作量和花费的时间。研究表明，工程量计算的时间在整个造价计算过程中占到了 50%～80%，而运用 BIM 算量方法会节约将近90%的时间，误差也控制在 1%的范围内。

工程预算存在定额计价和清单计价两种模式。自《建设工程工程量清单计价规范》（GB 50500-2003，目前已作废）发布以来，建设工程招投标过程中清单计价方法成为主流。在清单计价模式下，预算项目往往基于建筑构件进行资源的组织和计价，与建筑构件存在良好的对应关系，满足 BIM 信息模型以三维数字技术为基础的特征，因而应用 BIM 技术进行预算工程量统计具有很大的优势：使用BIM 模型来替代图纸，直接生成所需材料的名称、数量和尺寸等信息，而且这些信息始终与设计保持一致。在设计出现变更时，该变更将自动反映到所有相关的材料明细表中，造价工程师使用的所有构件信息也会随之变化。

在基本信息模型的基础上增加工程预算信息即形成了具有资源和成本信息的预算信息模型。预算信息模型包括建筑构件的清单项目类型、工程量清单、人力、材料、机械定额和费率等信息。通过此模型，系统能识别模型中的不同构件，并自动提取建筑构件的清单类型和工程量（如体积、质量、面积、长度等）等信息，自动计算建筑构件的资源用量及成本，用以指导实际材料物资的采购。

系统根据计划进度和实际进度信息，可以动态计算任意 WBS 节点任意时间段内每日计划工程量、计划工程量累计、每回实际工程量、实际工程量累计，帮助施工管理者实时掌握工程量的计划完工和实际完工情况。在分期结算过程中，每期实际工程量累计数据是结算的重要参考，系统动态计算实际工程量可以为施工阶段工程款结算提供数据支持。

另外，从 BIM 预算模型中提取相应部位的理论工程量，从进度模型中提取现场实际的人工、材料、机械工程量，通过各模型工程量、实际消耗、合同工程量进行短周期三量对比分析，能够及时掌握项目进展，快速发现并解决问题，根据分析结果为施工企业制定精确的人、机、材计划，大大减少了资源、物流和仓储环节的浪费。应用 BIM 技术，可以掌握成本分布情况，进行动态成本管理。

2.限额领料与进度款支付管理

限额领料制度一直很健全，但在实际应用中却难以实现，主要存在的问题有：材料采购计划数据无依据，采购计划由采购员决定，项目经理只能凭感觉签字；施工过程工期紧，领取材料数量无依据，用量上限无法控制；限额领料流程造假，事后再补单据。

BIM 的出现为限额领料提供了技术、数据支撑。基于 BIM 软件，在管理多专业和多系统数据时，能够采用系统分类和构件类型等方式对整个项目数据进行管理，为视图显示和材料统计提供规则。例如，给水排水、电气、暖通专业可以根据设备的型号、外观及各种参数分别显示设备，方便计算材料用量。

传统模式下工程进度款申请和支付结算工作比较烦琐，而利用 BIM 能够快速准确地统计出各类构件的数量，减少了预算的工作量，且能形象、快速地完成工程量拆分和重新汇总，为工程进度款结算工作提供技术支持。

3.以施工预算控制人力资源和物质资源的消耗

在开工以前，利用 BIM 软件建立模型，通过模型计算工程量，并按照企业定额或上级统一规定的施工预算，结合 BIM 模型，编制整个工程项目的施工预算，作为指导和管理施工的依据。对生产班组的任务安排，必须签收施工任务单和限额领料单，并向生产班组进行技术交底。生产班组要根据实际完成的工程量和实耗人工、实耗材料做好原始记录，作为施工任务单和限额领料单结算的依据。任务完成后，根据回收的施工任务单和限额领料单进行结算，并按照结算内容支付报酬（包括奖金）。为了便于任务完成后进行施工任务单和限额领料单与施工预算的对比，要求在编制施工预算时对每一个分项工程工序名称进行编号，以便对号检索并对比、分析。

4.设计优化与变更成本管理、造价信息实时追踪

BIM 模型依靠强大的工程信息数据库，实现了二维施工图与材料、造价等各模块的有效整合与关联变动，使得实际变更和材料价格变动可以在 BIM 模型中实时更新。变更各环节之间的时间被缩短后，可以提高效率，可以更加及时准确地将数据提交给工程各参与方，以便各方做出有效的应对和调整。目前 BIM 的建

造模拟功能已经发展到了 5D 维度，5D 模型集三维建筑模型、施工组织方案、成本及造价等于一体，能实现对成本费用的实时模拟和核算，并为后续建设阶段的管理工作所利用，解决了阶段割裂和专业割裂的问题。BIM 通过信息化的终端和 BIM 数据后台使整个工程的造价相关信息顺畅地流通起来，从企业机关的管理人员到每个数据的提供者都可以监测，保证了各种信息数据能够及时准确地调用、查询、核对。

5.招投标阶段成本控制

（1）商务标部分

商务标是投标文件的核心部分，目前很多项目都采用最低价评标法，商务标中报价是决定中标的首要因素。传统商务标的编制需要造价人员通过烦琐的计算公式列计算式子、敲计算器手动算出结果。基于 BIM 的自动化算量功能可以使造价人员避免烦琐的手工算量工作，大大缩短了商务标的编制时间，为投标方留出了更多的时间去完成标书的其他内容。

（2）技术标部分

当项目结构复杂和难度高时，招标方对技术标的要求也越高，由于 BIM 技术具有可视化的特点，可以直观地展示技术标的内容，帮助投标单位在评标过程中脱颖而出。利用 BIM 技术进行施工模拟，将重点、特殊部位的施工方法和施工流程进行直观的展示，这种方法直观且易理解，即使没有相关专业基础的局外人也能看懂；还可以利用 BIM 技术的碰撞检查对设计方案进行优化，也可以在投标书中单独设一章节，详细说明中标后基于 BIM 技术的管理构想，给业主和评标专家留下良好的印象。

6.合同签订成本控制

施工单位中标后，承包商和业主开始签订施工合同，施工合同的大部分条款都涉及项目造价，BIM 模型提供自动化算量功能，可以快速核算项目的成本，对成本的形成过程进行可视化模拟；BIM 技术的可视化、模拟性等特点，还可以解决合同签约过程中签约双方的沟通问题，缩短了合同签约时间，在一定程度上加快了工程进度。

7.施工组织设计

基于 BIM 技术的施工方案可以对施工项目的重要和关键部位进行可视化模拟。也可以利用 BIM 技术对施工现场的临时布置进行优化，参照施工进度计划，形象模拟各阶段现场情况，合理进行现场布置。还可以利用 BIM 技术对管线布置方案进行碰撞检查和优化，减少施工返工。

8.施工成本计划的编制

施工成本计划的编制是施工成本管理最关键的一步，施工管理人员在编制施工成本计划时，首先根据项目的总体环境进行分析，通过工程实际资料的收集整理，根据设计单位提供的设计材料、各类合同文件、相关成本预测材料等，结合实际施工现场情况编制施工成本计划。应用 BIM 技术的工程项目，项目全生命周期的各类工程数据都保存在 BIM 模型中，计划编制人员能够方便、快速地获取需要的数据，并对这些数据进行分析，提升了计划编制工作效率。

（二）传统施工阶段成本管理存在的问题

成本管理一直都是关乎低碳、环保、绿色建筑、自然生态、社会责任等宏大叙事。施工项目在施工过程中会消耗大量的钢材、木材和水泥，资源消耗量极大，最终必然会导致对大自然的过度索取。施工阶段的成本管理不是片面地压缩成本，有些成本是不能缩减的，不能低于相关标准。施工阶段成本管理的真正含义是通过技术、经济和信息化手段，优化设计、优化组合、优化管理，把没有意义的浪费降到最低。而当前传统施工阶段的成本管理方法还存在诸多不足，主要有以下几点：

1.成本核算不准确

成本数据采用手工清算方式，经常出现核算不准确等情况，每一个施工阶段都会涉及大量的材料、机械、工种、消耗等费用，人、材、机和资金都要统计清楚，工作量十分巨大。而且实际的成本核算需要预算、材料、仓库、施工、财务多部门多岗位协同分析汇总数据，如此烦琐的过程都需要人工去完成，经常发生核算不准确等情况。

2.无法实现精细化管理

所谓精细化管理是指最大限度减少管理资源和降低管理成本，施工阶段的成本精细化管理则是提升现有成本管理过程中对成本预测、计划、控制、核算过程的精细化程度。在传统施工过程中想要做到成本精细化管理是无法实现的，主要原因是施工阶段成本管理数据一直存在数据量大、涉及部门和岗位众多，而且还存在多个成本项目的款项对应分解困难，各种材料的消耗量和资金支付情况复杂等问题。

3.无法及时获取确认成本数据

在施工阶段，会产生与成本相关的各种资源和数据。传统的成本控制方法很难对资源和数据进行实时采集和处理，过程数据易于丢失，不利于积累经验，限制了成本管理能力的提升。

4.施工技术落后导致工期成本和质量成本增加

传统施工技术落后，不能在问题发生前预测施工过程中可能会发生的突发事件，又由于建设方为自身获得更多的利益而压缩工期，这无意给承包商增加了工期成本和质量成本，使得实际成本超支。

（三）传统施工阶段成本管理问题产生的原因

1.成本控制意识缺乏

目前，大多数建筑施工企业根本不了解项目成本控制的重要性，成本管理人员对成本管理的认识不到位。一般来说，成本数据不能实现实时沟通和协同共享，造价工程师不能完成与其他岗位的协同工作，无法实时进行多算对比，导致成本管理失控。

2.无法高效利用成本数据

由于目前工程造价行业涉及的数据庞大，造成了施工数据收集与处理困难，数据更新不及时，难以完成数据同步和协同管理。传统技术手段依赖于手工算量，通过大量的纸质图纸获取项目信息，对于海量的成本数据无法实现实时计算和共享，施工现场存在大量事后拍脑袋的情况，而且在实际施工过程中还存在诸多数据丢失的情况，这无疑制约了成本数据的高效利用。

（四）BIM在施工阶段成本控制上的优势分析

基于 BIM 技术的成本控制具有快速、准确、精细、分析能力强和提升企业成本管理能力等很多优势，具体表现为：

1.快速

基于 BIM 的 5D 成本数据库，具有汇总能力强，分析速度快，工作量小，效率高的特点。

2.准确

随着项目的进展，成本数据随着进度进展的准确性越来越高，构件级最小粒度能够帮助管理者充分掌握工程项目成本信息，有效减少成本管理失误。

3.精细

通过实际成本 BIM 模型能够检查出没有实际数据的项目，监督各成本实时盘点，提供实际数据。

4.分析能力强

多维度（时间、空间、WBS）的汇总分析成本报表，确定不同时间点的资金需求，优化资金的筹措和分配，实现财务收益最大化。

5.提升企业成本控制能力

将工程项目实际成本 BIM 模型通过互联网集中在企业总部服务器，企业总部各部门可以分享每个工程项目的实际成本数据，实现企业内的信息对称。

七、物料管理

传统材料管理模式就是企业或者项目部根据施工现场实际情况制定相应的材料管理制度和流程，这个流程主要是依靠施工现场的材料员、保管员、施工员来完成的。施工现场的多样性、固定性和庞大性决定了施工现场材料管理具有周期长、种类繁多、保管方式复杂等特殊性。传统材料管理存在核算不准确、材料申报审核不严格、变更签证手续办理不及时等问题，造成了大量材料现场积压、占用大量资金、停工待料、工程成本上涨等问题。

基于 BIM 的物料管理通过建立安装材料 BIM 模型数据库，使项目部各岗位人员及企业不同部门都可以进行数据的查询和分析，为项目部材料管理和决策提供数据支撑。具体表现如下：

1.安装材料 BIM 模型数据库

项目部拿到机电安装等各专业施工蓝图后，由 BIM 项目经理组织各专业机电 BIM 工程师进行三维建模，并将各专业模型组合到一起，形成安装材料 BIM 模型数据库，该数据库以创建的 BIM 机电模型和全过程造价数据为基础，把原来分散在安装各专业组中的工程信息模型汇总到一起，形成一个汇总的项目级基础数据库。

2.安装材料分类控制

材料的合理分类是材料管理的一项重要基础工作，安装材料 BIM 模型数据库的最大优势是包含材料的全部属性信息。在进行数据建模时，各专业建模人员对施工所使用的各种材料属性，按其需用量的大小、占用资金多少及重要程度进行分类，科学合理地控制。

3.用料交底

BIM 与传统 CAD 相比，具有可视化的显著特点。设备、电气、管道、通风空调等安装专业三维建模后，BIM 项目经理组织各专业 BIM 项目工程师进行综合优化，提前消除施工过程中各专业可能遇到的碰撞。项目核算员、材料员、施工员等管理人员应熟读施工图纸、理解 BIM 三维模型、明确设计思想，并按施工规范要求向施工班组进行技术交底，将 BIM 模型中用料意图灌输给班组采用 BIM 三维图、CAD 图纸或者表格下料单等书面形式做好用料交底，防止班组"长料短用、整料零用"，做到物尽其用，减少浪费及边角料，把材料消耗降到最低限度。

4.物资材料管理

安装材料的精细化管理——直是项目管理中的难题，施工现场材料的浪费、积压等现象司空见惯。运用 BIM 模型，结合施工程序及工程形象进度周密安排材料采购计划，不仅能保证工期与施工的连续性，而且能用好用活流动资金、降低库存、减少材料二次搬运，同时材料员根据工程实际进度，能方便地提取施工各阶段材料用量。在下达的施工任务书中，要附上完成该项施工任务的限额领料单，作为发料部门的控制依据，实行对各班组限额发料，防止错发、多发、漏发等无计划用料，从源头上做到材料的"有的放矢"，减少施工班组对材料的浪费。

第三节　BIM 技术在运维管理阶段的应用

一、运维与设施管理的内容

运维与设施管理的内容可分为空间管理、资产管理、维护管理、公共安全管理和能耗管理等方面，如图 4-6 所示。

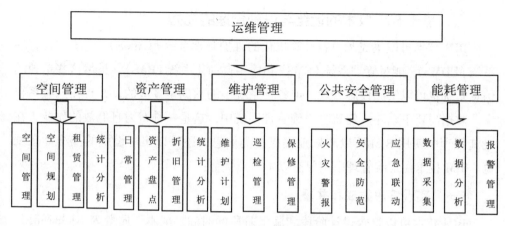

图4-6　运维管理关系图

1. 空间管理。空间管理主要是指满足组织在空间方面的各种分析及管理需求，更好地响应组织内各部门对于空间分配的请求及高效处理日常相关事务，计算空间相关成本，执行成本分摊等内部核算，加强企业各部门控制非经营性成本的意识，提高企业收益。空间管理主要包括空间分配、空间规划、租赁管理和统计分析等方面。

2. 资产管理。资产管理是指运用信息化技术增强资产监管力度，降低资产的闲置浪费，减少和避免资产流失，使业主在资产管理上更加全面规范，从整体上提高业主资产管理水平。资产管理主要包括日常管理、资产盘点、折旧管理、报表管理等，其中日常管理又包括卡片管理、转移使用和停用退出等。

3. 维护管理。维护管理是指建立设施设备基本信息库与台账，定义设施设备保养周期等信息，制定设施设备维护计划；对设施设备运行状态进行巡检管理并生成运行记录、故障记录等信息，根据生成的保养计划自动提示到期需保养的设施设备；对出现故障的设备从维修申请到派工、维修、完工验收等实现过程化管理。维护管理主要包括维护计划、巡检管理和报修管理。

4. 公共安全管理。公共安全管理是指应对火灾、非法侵入、自然灾害、重大安全事故和公共卫生事故等危害人们生命财产安全的各种突发事件，建立应急及长效的技术防范保障体系。公共安全管理主要包括火灾报警、安全防范和应急联动等方面。

5. 能耗管理。能耗管理是指对能源消费过程的计划、组织、控制和监督等一系列工作。能耗管理主要包括数据采集、数据分析和报警管理等。

二、基于 BIM 技术的运维与设施管理的优势

BIM 技术可以集成和兼容计算机化的维护管理系统（CMMS）、电子文档管理系统（EDMS）、能量管理系统（EMS）和楼宇自动化系统（BAS）。虽然这些单独的信息系统也可以实施设施管理，但各个系统中的数据是零散的，并且在这些系统中，数据需要手动输入建筑物设施管理系统中，这是一种费力且低效的作业。在设施管理中使用 BIM 可以有效地集成各类信息，还可以实现设施的三维动态浏览。BIM 技术在运维管理中主要有以下三点优势：

（一）实现信息集成和共事

BIM 技术可以整合设计阶段和施工阶段的时间、成本、质量等不同时间段、不同类型的信息，并将设计阶段和施工阶段的信息高效、准确地传递到设施管理中，还能将这些信息与设施管理的有关信息相结合。

（二）实现设施的可视化管理

BIM 三维可视化的功能是 BIM 最重要的特征，BIM 三维可视化将二维 CAD 图纸以三维模型的形式展现给用户。当设备发生故障时，BIM 可以帮助设施管理人员直观地察看设备的位置及设备周边的情况。BIM 的可视化功能在翻新和整修过程中还可以为设施管理人员提供可视化的空间显示和预演功能。

（三）定位建筑构件

设施管理中，在进行预防性维护或设备发生故障进行维修时，首先需要维修人员找到需要维修构件的位置及其相关信息。现在的设备维修人员常常凭借图纸和自己的经验来判断构件的位置，而这些构件往往在墙面或地板后面等看不到的地方，位置很难确定，准确的定位设备对新员工或在紧急情况下是非常重要的。使用 BIM 技术不仅可以直接三维定位设备，还可以查询该设备的所有基本信息及维修历史信息。维修人员在现场进行维修时，可以通过移动设备快速地从后台技术知识数据库中获得所需的各种指导信息，也可以将维修结果信息及时反馈到后台中央系统中，对提高工作效率很有帮助。

三、BIM 技术在运维与设施管理中的具体应用

（一）空间管理

BIM 技术可为运维管理人员提供详细的空间信息，包括实际空间占用情况

等。同时，BIM 能够通过可视化功能帮助定位部门位置，将建筑信息与具体的空间相关信息关联，并在软件平台中实时打开进行监控，从而提高了空间利用率。根据建筑使用者的实际需求，提供基于运维空间模型的工作空间可视化规划管理功能，以及工作空间变化可能带来的建筑设备、设施功率负荷方面的数据作为决策依据，并在运维平台中快速更新三维空间模型。

1. 租赁管理。应用 BIM 技术对空间进行可视化管理，分析空间使用状态、收益、成本及租赁情况，可以判断影响不动产财务状况的周期性变化及发展趋势，帮助提高空间的投资回报率，及时抓住机会并规避潜在的风险。

通过查询定位可以轻易查询到商户空间、租户或商户信息，如客户名称、建筑面积、租约区间、租金、物业费用。系统可以提供收租提醒等客户定制功能，还可以根据租户信息的变更，对数据进行实时调整和更新，建立一个快速共享的平台。

BIM 运维平台不仅提供了对租户的空间信息管理，还提供了对租户能源使用及费用情况的管理。这种功能同样适用于商业信息管理，与移动终端相结合，商户的活动情况、促销信息、位置、评价可以直接推送给终端客户，在提高租户使用程度的同时也为其创造了更高的价值。

2. 垂直交通管理。3D 电梯模型能够正确反映所对应的实际电梯空间位置以及相关属性等信息。电梯的空间相对位置信息包括门口电梯、中心区域电梯、电梯所能到达楼层信息等；电梯的相关属性信息包括直梯、扶梯、电梯型号、大小、承载量等。BIM 运维平台对电梯的实际使用情况进行了渲染，物业管理人员可以清楚直观地看到电梯的能耗及使用状况，通过对人行动线、人流量的分析，帮助管理者更好地对电梯系统的运行策略进行调整。

3. 车库管理。目前的车库管理系统基本都以计数系统为主，只显示空车位的数量，对空车位的位置无法显示。在停车过程中，车主随机寻找车位，缺乏明确的路线，容易造成车道堵塞和资源（时间、能源）浪费。BIM 应用无线射频技术定位标识标记在车位卡上，车子停好之后自动识别某车位已经被占用。通过该系统就可以在车库入口处通过屏幕显示出所有已经被占用的车位和空闲的车位数量。通过车位卡或车牌号还可以在车库监控大屏幕上查询所在车的位置，这为方向感较差的车主提供了非常贴心的导航功能。

4. 办公管理。基于 BIM 可视化的空间管理体系，可对办公部门、人员和空间实现系统性、信息化管理。工作空间内的工作部门、人员、部门所属资产、人员联系方式等都与 BIM 模型中相关的工位、资产相关联，便于管理和信息的及时获取。

（二）资产管理

BIM 技术与互联网的结合将开创现代化管理的新纪元。基于 BIM 的互联网管理实现了在三维可视化条件下掌握和了解建筑物及建筑中相关人员、设备、结构、资产、关键部位等信息，对于可视化的资产管理意义重大，可以降低成本，提高管理精度，避免损失和资产流失。

1. 可视化资产信息管理。传统资产信息整理录入主要是由档案室的资料管理人员或录入人员采取纸媒质的方式进行管理，这样信息既不容易保存更不容易查阅，一旦人员调整或周期较长就会出现遗失或记录不可查询等问题，造成工作效率降低和成本提高的问题。

由于上述原因，公司、企业或个人对固定资产信息的管理已经逐渐脱离了传统的纸质方式，不再需要传统的档案室和资料管理人员。信息技术的发展使基于BIM 的互联网资产管理系统可以通过在 RFID 的资产标签芯片中注入用户需要的详细参数信息和定期提醒设置，实现结合三维虚拟实体的 BIM 技术，使资产在智慧建筑物中的定位和相关参数信息一目了然，可以实现精确定位、快速查阅。

新技术的产生使二维的、抽象的、纸媒质的传统资产信息管理方式变得鲜活生动，资产的管理范围也从以前的重点资产延伸到资产的各个方面。例如，对于机电安装的设备、设施，资产标签中的报警会提醒设备需要定期维修的时间以及设备维修厂家等相关信息，同时可以预警设备的使用寿命，方便及时更换，避免发生伤害事故和一些不必要的麻烦。

2. 可视化资产监控、查询、定位管理。资产管理的重要性就在于可以实时监控、实时查询和实时定位，然而传统做法很难实现，尤其对于高层建筑的分层处理，资产很难从空间上进行定位。BIM 技术和互联网技术的结合完美地解决了这一问题。

现代建筑通过 BIM 系统把整个物业的房间和空间都进行了划分，并对每个划分区域的资产进行了标记。人们可以通过移动终端收集资产的定位信息，并随时和监控中心进行通信联系。

监视：基于 BIM 的信息系统完全可以取代和完善视频监视录像，该系统可以追踪资产的整个移动过程和相关使用情况。配合工作人员身份标签定位系统，可以了解资产经手的相关人员，并且系统会自动记录，方便查阅。一旦发现资产位置在正常区域之外、有无身份标签的工作人员移动或定位信息等非正常情况，监控中心的系统就会自动报警，并且将建筑信息模型的位置自动切换到出现警报的资产位置。

查询：该资产的所有信息，包括名称、价值和使用时间，都可以随时查询。

定位：随时定位被监视资产的位置和相关状态情况。

3. 可视化资产安保及紧急预案管理。传统的资产管理安保工作无法对被监控资产进行定位，只能对关键的出入口等位置进行排查处理。有了互联网技术后，虽然可以从某种程度上加强产品的定位，但是缺乏直观性，难以提高安保人员的反应速度，经常出现资产遗失后没有办法及时追踪的现象，无法确保安保工作的正常开展。基于 BIM 技术的互联网资产管理可以从根本上提高紧急预案的管理能力和资产追踪的及时性、可视性。

一些比较昂贵的设备或物品可能有被盗窃的危险，工作人员赶往事发现场期间，犯罪嫌疑人有足够的时间逃脱，而使用无线射频技术和报警装置可以及时了解贵重物品的情况。因此，BIM 信息技术的引入变得至关重要，当贵重物品发出报警后，其对应的 BIM 追踪器随即启动。通过 BIM 三维模型可以清楚分析出犯罪嫌疑人的精确位置和可能的逃脱路线，BIM 控制中心只需要在关键位置及时布置工作人员进行阻截就可以保证贵重物品不会遗失，并且将犯罪嫌疑人绳之以法。

BIM 控制中心的建筑信息模型与互联网无线射频技术的完美结合能使非建筑专业人士或对该建筑物不了解的安保人员正确了解建筑物安保关键部位。指挥官只需给进入建筑的安保人员配备相应的无线射频标签，并与 BIM 系统动态链接，根据 BIM 三维模型就可以直观察看风管、排水通道等容易疏漏的部位和整个建筑三维模型，动态地调整人员部署，对出现异常情况的区域第一时间做出反应，从而真正实现资产的安全保障管理。

信息技术的发展推动了管理手段的进步。基于 BIM 技术的物联网资产管理方式通过最新的三维虚拟实体技术使资产在智慧建筑中得到了合理的使用、保存、监控、查询、定位。资产管理的相关人员以全新的视角诠释了资产管理的流程和工作方式，使资产管理的精细化程度得到了很大提高，确保了资产价值最大化。

（三）维护管理

维护管理主要是指设备的维护管理。将 BIM 技术运用到设备管理系统中，使系统包含设备所有的基本信息，可以实现三维动态地观察设备实时状态，从而使设施管理人员了解设备的使用状况，也可以根据设备的状态预测设备的故障，从而在设备发生故障前就对设备进行维护，降低维护费用。将 BIM 运用到设备管理中，可以查询设备信息、设备运行和控制、主动进行设备报修，也可以进行设备的计划性维护等。

1.设备信息查询。基于 BIM 技术的管理系统集成了对设备的搜索、查阅、定位功能。单击 BIM 模型中的设备，可以查阅该设备信息，如供应商、使用期限、联系电话、维护情况、所在位置等；该管理系统可以对设备生命周期进行管理，如对寿命即将到期的设备及时预警和更换配件，防止事故发生；在管理界面中搜索设备名称或者描述字段，可以查询所有相应设备在虚拟建筑中的准确定位；管理人员或者领导可以随时利用四维 BIM 模型，进行建筑设备实时浏览。另外，在系统的维护页面中，用户可以通过设备名称或编号等关键字进行搜索，并且可以根据需要打印搜索的结果或导出 Excel 表。

2.设备运行和控制。所有设备是否正常运行可以在 BIM 模型上得到直观显示，例如绿色表示正常运行，红色表示出现故障；对于每个设备，可以查询其历史运行数据以及各种设备运行指标等；还可以对设备进行控制，如某一区域照明系统的打开、关闭等。

3.设备报修流程。在建筑的设施管理中，设备的维修是最基本的。所有的报修流程都是在线申请和完成的，用户填写设备报修单，经过工程经理审批，然后进行维修；修理结束后，维修人员及时将信息反馈到 BIM 模型中，随后有相关人员进行检查，确保维修已完成，相关人员确认该维修信息后，将该信息录入、保存到 BIM 模型数据库中。此后，用户和维修人员可以在 BIM 模型中查看各构件的维修记录，也可以查看本人发起的维修记录。

4.计划性维护。计划性维护的功能是让用户依据年、月、周等不同时间节点来确定，当设备的维护计划达到维护计划所确定的时间节点时，系统会自动提醒用户启动设备维护流程，对设备进行维护。

设备维护计划的任务分配是按照逐级细化的策略确定的。一般情况下，年度设备维护计划只分配到系统层级，确定一年的哪个月对哪个系统（如中央空调系统）进行维护；而月度设备维护计划则分配到楼层或区域层级，确定本月的哪一周对哪一个楼层或区域的设备进行维护，而最详细的周维护计划，不仅要确定具体维护哪一个设备，还要明确在哪一天具体由谁来维护。

利用这种逐级细化的设备维护计划分配模式，建筑物的运维管理团队无须一次性制定全年的设备维护计划，只需要一个全年的系统维护计划框架，在每月或是每周，管理人员可以根据实际情况再确定由谁在什么时间维护具体的某个设备。这种弹性的分配方式，其优越性是显而易见的，可以有效避免在实际的设备维护工作中，由于现场情况的不断变化，或是因为某些意外情况，而造成整个设备维护计划无法顺利进行。

（四）公共安全管理

1. 火灾消防管理。在消防事件管理中，基于 BIM 技术的管理系统可以通过喷淋感应器感应信息，如果发生着火事故，商业广场的信息模型界面中就会自动发出火灾警报，对着火的三维位置和房间立即进行定位显示，并且控制中心可以及时查询周围情况和相应的设备情况，为及时疏散人员和处理火灾提供信息。

（1）消防电梯。按目前的规范，普通电梯及消防电梯不能作为消防疏散使用（其中消防梯仅可供消防队员使用）。有了 BIM 模型并且 BIM 具有上述的动态功能后，就有可能使电梯在消防应急救援中，尤其是在超高层建筑消防救援中发挥重要作用。当火灾发生时，指挥人员可以在大屏幕前利用对讲系统或楼（全区）广播系统、消防专用电话系统，根据大屏显示的起火点（此显示需是现场视频动画后的图示）、蔓延区及电梯的各种运行数据指挥消防救援专业人员（每部电梯均由消防人员操作），帮助群众乘电梯疏散至首层或避难层。哪些电梯可用，哪些电梯不可用，在 BIM 图上均可清楚显示，从而有助于决策。目前这一方案正与消防部门共同研究并开发中。

（2）疏散演习的办公室区域可为每个办公人员的个人计算机安装不同地址的 3D 疏散图，标示出模拟的火源点，以及最短距离的通道、步梯疏散的路线，平时对办公人员进行常规的训练和演习。

（3）疏散引导。对于大多数不具备乘梯疏散的情况，BIM 模型同样能发挥很大的作用。凭借上述各种传感器（包括卷帘门）及可靠的通信系统，引导人员可指挥人们从正确的方向由步梯疏散，使火灾抢救发生了革命性改变。

2. 隐蔽工程管理。建筑设计阶段会有一些隐蔽的管线信息是施工单位不关注的，或者这些资料信息可能在某个角落里，只有少数人知道。特别是随着建筑物使用年限的增加，人员更换频繁，这些安全隐患日益突出，有时则酿成悲剧。如 2010 年南京市某破旧塑料厂在进行拆迁时，因对隐蔽管线信息了解不全，工人不小心挖断了地下埋藏的管道，引发了剧烈爆炸，此次事件引发了社会的强烈关注。

基于 BIM 技术的运维可以管理复杂的地下管网，如污水管、排水管、网线、电线以及相关管井，并且可以从三维模型直接获得相对位置关系。当改建或二次装修的时候可以避开现有管网位置，便于管网维修、更换设备和定位。同样的情况也适用于室内隐蔽工程的管理。这些信息全部通过电子化手段保存下来，内部相关人员可以进行共享，有变化时可以随时调整，保证了信息的完整性和准确性，从而大大降低了安全隐患。

例如一个大项目，市政有电力、光纤、自来水、中水、热力、燃气等几十个进楼接口，在封堵不良且验收不到位时，一旦外部有水（如市政自来水爆裂、雨水倒灌），水就会进入楼内。利用 BIM 模型可对地下层入口精准定位、验收，方便封堵，也易于检查，可以大大降低事故发生的概率。

3. 安保管理。安保管理主要涉及视频监控、可疑人员定位、安保人员位置管理以及人流量监控等方面。

（1）视频监控。目前的监控管理基本以显示摄像视频为主，传统的安保系统相当于有很多双眼睛，但是基于 BIM 的视频安保系统不但拥有"眼睛"，而且拥有"大脑"。因为摄像视频管理是运维控制中心的一部分，也是基于 BIM 的可视化管理。通过配备监控大屏幕可以对整个监控对象的视频监控系统进行操作；当选择建筑物某一层时，该层的所有视域图像立刻显示出来；一旦有突发事件，基于 BIM 的视频安保监控系统就能与协作的 BIM 模型的其他子系统联合进行突发事件管理。

（2）可疑人员定位。利用视频识别及跟踪系统，对不良人员、非法人员，甚至恐怖分子等进行标识，利用视频识别软件使摄像头自动跟踪及互相切换，对目标进行锁定。在夜间设防时段还可将红外线、门禁、门磁等各种信号一并传入 BIM 模型的大屏中。当然，这一系统不但要求 BIM 模型的配合，更要有多种联动软件及相当高的系统集成才能完成。

（3）安保人员位置管理。可以将无线射频芯片植入工卡，利用无线终端来定位安保人员的具体位置。对于商业地产，尤其是针对大型商业地产中人流量大、场地面积大、突发事件多的状况，这类安全保护价值更大。一旦发现险情，管理人员就可以利用 BIM 系统来指挥安保工作。

（4）人流量监控（含车流量）。利用视频系统和模糊计算，可以得到人流（人群）、车流的大概数量，在 BIM 模型上了解建筑物各区域出入口、电梯厅、餐厅及展厅等区域以及人多的步梯，步梯间的人流量、车流量。当人（车）流量大于一个限值时，会发出预警信号或警报，从而做出是否要开放备用出入口，投入备用电梯及人为疏导人流车流的应急安排，这对安全工作是非常有用的。

第五章　BIM 模型精度及 IFC 标准

第一节　BIM 模型精度

一、LOD 技术

虚拟现实中场景的生成对实时性要求很高，LOD 技术是一种有效的图形生成加速方法。1976 年，Clark 提出了细节层次（Levels of Detail，LOD）模型的概念，认为当物体覆盖屏幕较小的区域时，可以使用该物体描述较粗的模型，并给出了一个用于可见面判定算法的几何层次模型，以便对复杂场景进行快速绘制。1982 年，Rubin 结合光线跟踪算法，提出了复杂场景的层次表示算法及相关的绘制算法，从而使计算机能以较少的时间绘制复杂场景。20 世纪 90 年代初，图形学派生出虚拟现实和科学计算可视化等新的研究领域。虚拟现实和交互式可视化等交互式图形应用系统要求图形生成速度达到实时，而计算机所提供的计算能力往往不能满足复杂三维场景的实时绘制要求，因而研究人员提出了多种图形生成加速方法，LOD 模型则是其中一种主要方法。这几年在全世界范围内形成了对 LOD 技术的研究热潮，并且取得了很多有意义的研究成果。

LOD 技术在不影响画面视觉效果的条件下，通过逐次简化景物的表面细节来减少场景的几何复杂性，从而提高绘制算法的效率。该技术通常对每一个原始多面体模型建立几个不同精度的几何模型，与原模型相比，每个模型均保留了一定层次的细节。在绘制时，可以根据不同的标准选择适当的层次模型来表示物体。LOD 技术具有广泛的应用领域，目前在实时图像通信、交互式可视化、虚拟现实、地形表示、飞行模拟、碰撞检测、限时图形绘制等领域都得到了应用，很多造型软件和 VR 开发系统都开始支持 LOD 模型表示。

二、BIM 模型精度

在 BIM 中采用的 LOD 技术，被称作模型的细致程度，它描述了一个 BIM 模型构件单元从最低级的近似概念化的程度发展到最高级的演示级精度的步骤。美国建筑师协会（AIA）为了规范 BIM 参与各方及项目各阶段的界限，定义了 LOD

的概念。这些定义可以根据模型的具体用途进行进一步的发展。

从概念设计到竣工设计，LOD 被定义为五个等级，分别为 LOD100 到 LOD500，具体规定如表 5-1 所示。

表 5-1 建筑工程各阶段的使用需求及对应的模型精细度建议表

阶段	英文	阶段代码	建模精细度	阶段用途
勘察 / 概念化设计	Survey/Conceptual Design	SC	LOD100	项目可行性研究项目用地许可
方案设计	Schematic Design	SD	LOD200	项目规划评审报批建筑方案评审报批设计概算
初步设计 / 施工图设计	Design Development/ Construction Documents	DD/CD	LOD300	专项评审报批节能初步评估建筑造价估算建筑工程施工许可施工准备施工招标投标计划施工图招标控制价
虚拟建造 / 产品预制 / 采购验收 / 交付	Virtual Construction / Pre-Fabrication / Product Bidding / As-Built	VC	LOD400	施工预测产品选用集中采购施工阶段造价控制
		AB	LOD500	施工结算

在 BIM 的实际应用中，首要任务就是根据项目的不同阶段以及项目的具体目的确定 LOD 的等级，根据不同等级所概括的模型精度要求来确定建模精度。可以说，LOD 使 BIM 应用有据可循。当然，在实际应用中，根据项目具体目的的不同，LOD 也不能生搬硬套，适当的调整也是无可厚非的。

LOD 的定义有两种用途：确定模型阶段输出结果（Phase Outcomes）以及分配建模任务（Task Assignments）。

1.模型阶段输出结果

随着设计的深化，不同的模型构件单元会以不同的速度从一个 LOD 等级提升到下一个 LOD 等级。例如，在传统的项目设计中，大多数的构件单元在施工图设计阶段完成时需要达到 LOD300 的等级，同时在施工阶段中的深化施工图设计阶段大多数构件单元会达到 LOD400 的等级。但是有一些单元，例如墙面粉刷，永远不会超过 LOD100 的等级。即粉刷层实际上是不需要建模的，它的造价以及其他属性都附着于相应的墙体中。

2.任务分配

在三维表现之外，一个 BIM 模型构件单元能包含大量的信息，这个信息可能是由多方提供的。例如，一面三维的墙体虽然是由建筑师创建的，但是总承包方要提供造价信息，暖通空调工程师要提供 U 值和保温层信息，隔声承包商要提供隔声值的信息等。为了解决信息输入多样性的问题，美国建筑师协会文件委员会提出了"模型单元作者"（MCA）的概念，该作者需要负责创建三维构件单元，但是并不一定要为该构件单元添加其他非本专业的信息。

第二节　IFC 标准

一、IFC 的由来

（一）建设项目的特点

建设工程项目是一个复杂的、综合的经营活动，它有如下三个特性：

1.涉及众多专业的参与方。一个工程项目的建设、运营涉及业主、用户、规划政府主管部门、建筑师、工程师、承建商、项目管理、产品供货商、测量师、消防、卫生、环保、金融、保险、法务、租售、运营、维护等几十类、成百上千家参与方和利益相关方。

2.生命周期长达几十年甚至上百年。一个工程项目的典型生命周期包括规划和设计策划、设计、施工、项目交付和试运行、运营维护、拆除等阶段，时间跨度为几十年到一百年甚至更长。

3.涉及大量软件产品。一个工程项目在整个生命周期内可能使用上百种行业软件。虽然目前还没有确切的统计数据，但有一个数据可以作为参考——美国服务于工程建设行业的软件产品已超过 1000 种。当然，一个项目不需要用到所有的软件产品。

上面的内容可以归纳为：BIM 要支持项目数十年乃至上百年生命周期内的、

成百上千项目参与方使用上百种不同的软件产品一起协同工作，分别完成各自的职责，即优化项目性能和质量、降低项目成本、缩短项目周期、提高运营维护效率。所以，建筑信息交换与共享是工程项目的主要活动内容之一。目前的软件工具只是涉及建筑全生命周期某个阶段的、某个专业领域的应用，例如设计阶段的建筑 CAD 软件。没有哪个开发商能够提供覆盖建筑物全生命周期的应用系统，也没有哪个工程是只使用某一家厂商的软件产品完成的。在大多数情况下，信息的交换与共享是由人工完成的。也就是说，人成了不同系统之间的接口，手工实现（重新录入）了信息交换，这样做的效率和质量可想而知。

解决信息交换与共享问题的出路在于数据标准；有了统一的标准，也就有了系统之间交流的共同语言（就像目前人类的公共交流语言是英语一样），数据自然会在不同系统之间流转起来。正是因为这个目的，才有了 IFC（Industry Foundation Class）标准的出现和发展。

（二）buildingSMART（IAI）组织的由来

buildingSMART 是制定和维护 IFC 标准的组织，其前身为 IAI（International Alliance for Interoperability）组织。1994 年，包括 Autodesk、AT&T、ArchiBUS、HOK 在内的 12 家美国著名公司聚集在一起研讨不同应用软件协同工作的可能性，因为当时建筑工程软件之间的信息交换是杂乱无章的。为了与其他软件交换信息，一个软件必须输出多种数据格式，而与之交换信息的任何一个软件的变动，都会使它重新编写接口。协同工作的软件有一个共同的核心数据模型，每个软件只要有一个标准的数据接口输入和输出信息，就能和其他软件交换信息，而这种方式的维护和升级代价是很小的。初期的研究结果使他们觉得软件的协同工作是可行的，而且这种协同工作能力会带来可观的经济效益。

1995 年夏天，在经过多方努力并攻克核心问题后，他们在建筑工程系统展示会上展示了研究成果。很多与会组织表示出浓厚的兴趣，并询问如何能参与研究。研究项目的最初参与者意识到，他们正在做的工作应该对外开放，应该对建筑工程和设备管理领域的组织开放，同时也应该对所有的软件开发商开放。基于这种考虑，他们认为可以为软件开发商开发一个软件协同工作的、中立的标准。1995 年，他们在北美建立了 IAI 组织。

IAI 的最初成员意识到工业界的全球化进程正在加快，所以他们把这种软件协同工作的理念推广到了其他国家，最初是欧洲，然后是亚洲和大洋洲。在最初建立北美分部后，1995 年 12 月，他们建立了德语区分部（包括德国和奥地利等）和法语区分部，1996 年 1 月建立了英国分部，并于 1996 年春天在伦敦召开了第一次 IAI 国际会议。也正是在这次会议上，他们决定将组织正式命名为 IAI，以反映其全球性和目标。1997 年，IAI 发布了第一个版本的 IFC 标准，之后不断更新。

2005 年，为了推动 IFC 标准在 BIM 实施过程中的应用，IAI 组织提出了 budildingSMART，并给出了它的定义 "buidingSMART is integrated project working and value–based life cycle management using Building Information Modeling and IFCs"。2007 年，IAI 组织正式更名为 buildingSMART。2008 年，美国 CAD 标准和美国 BIM 标准正式成为北美 buildingSMART 联盟（bSa）的成员。

buildingSMART 不断发展壮大，越来越多的国家和地区加入了该组织。截至 2010 年，buildingSMART 组织主要包括北美分部（美国和加拿大）、德语区分部、法语区分部、英国分部、Benelux 分部（比利时、荷兰和卢森堡）、意大利分部、北欧分部（丹麦、芬兰、挪威和瑞典）、中国分部、日本分部、韩国分部、新加坡分部、ME 分部（包括中东、北非、印度等地区和国家）等。

（三）IFC标准的发展

IAI 在 1997 年 1 月发布了 IFC 信息模型的第一个完整版本，从那以后又陆续发布了几个版本，当前的最新版本是 IFC2x3。在领域专家的努力下，IFC 信息模型的覆盖范围、应用领域、模型框架都有了很大的改进。下面简单介绍 IFC 标准各个版本的内容及发展历程。

1997 年 1 月发布的 IFC1.0，包括支持建筑设计、HVAC 工程设计、设备管理和成本预算的过程，这个信息模型只是要定义的、完全共事的工程模型的一部分。IFC1.0 版本将其范围局限在以下几个可达到的目标。

1. 定义了一个 "核心" 模型，并建立了可扩展的软件框架，保证在 IFC 模型的结构扩展过程中，各个版本之间差异最小。

2. 重点定义了四个工业应用领域，即建筑、HAVC 工程设计、工程管理和设备管理，但模型只支持这些领域用到的部分过程。

1997 年 12 月发布的 IFC1.5 没有扩大 IFC1.0 的领域范围。然而，其在 IFC1.0 版本实践经验的基础上，验证了 IFC 的技术框架，并且扩展了 IFC 对象模型的核心，为商业软件开发提供了一个稳定的平台。

1998 年 7 月发布的 IFC1.5.1 版本以 IFC1.5 模型为基础，修正了某些实现问题，验证了核心模型和资源。这一版本成为商业软件应用系统实现 IFC 标准的基础，这些软件包括 Al-lplan、ArchiCAD 和 Architectural Desktop（Autodesk）。2000 年中期，这些软件第一批通过了 IAI 认证。

1999 年 4 月发布的 IFC2.0 版本扩展了 IFC 模型的领域范围，并且极大地提高了应用系统之间共享信息的能力。虽然其为支持新领域过程增加了一些额外特色，但关键的核心和资源模块并没有改变。BLIS（Building Lifecycle Interopemble Software）项目中的一些公司一起为 IFC2.0 开发了商业目的的应用系统。2001 年年中，这些应用系统中的 13 个通过了 IAI 的认证。

2000 年 10 月发布的 IFC2x 标志着 IFC 开发和应用的重要转变，其中引入了模块化开发的框架和平台，在这个框架中可以用模块化的方法稳定地扩展模型的范围。研究项目用 IFC2x 平台开发模块，当任务完成后独立地发布模块。它为整个信息模型建立了一个稳定的基础框架，在这个框架下可以用模块化方法扩展 IFC 的范围和能力。在这个版本中，将整个信息模型分为两部分：平台部分和非平台部分。平台部分是模型中相对稳定的部分，这一部分已经被 ISO 组织采纳为国际标准，编号为 ISO 16739。此外，在 IFC2x 中引入了 ifxXML 规范，用 XML 模式定义语言 XSD（XML Schema Definition Language）定义了对应 Express 的整个 IFC 模型。这个规范定义了整个 IFC 模型 Express 语言到 XML 根式定义语言的映射，实现了用 XML 交换工程信息的方法。

2003 年 5 月发布的 IFC2x2，在领域范围上有很大的扩展，特别是增加了结构分析领域的信息描述。与 IFC 的其他版本一样，IFC2x2 也有完整版和平台版之分：IFC2x2 Final，它是所有 IFC 的 Schema 的总和，它又可以分为两部分，即平台版（Platform）和非平台版（non-platform）。IFC2x2 Platform 部分是 Schema 中的稳定不变的那一部分，这一部分 Schema 可以向上兼容，而且一般不会改变。非平台部分是还不稳定的，可以由各软件公司根据自己的需要进行改变。Final 部分的不稳定部分可能经过完善和考验之后被添加到 Platform 部分。Schema 是 IFC 的一种模型，可以将 IFC2x2 Platform 或 IFC2x2 Final 的 Schema 文件通过中间组件转换，就可以生成符合 C++ 格式的类，这些类是进行 IFC 与其他软件间数据转换的基础。

二、IFC 的基本概念

（一）IFC的定义

IFC 数据模型（Industry Foundation Classes data model）是一个不受某一个或某一组供应商控制的中性和公开标准，是一个由 buildingSMART 用来帮助工程建设行业数据互用的基于数据模型的面向对象的文件格式，是一个 BIM 普遍使用的格式。可以从以下几方面来理解 IFC 的定义：

1.IFC 是一个描述 BIM 的标准格式的定义。

2.IFC 定义建设项目生命周期所有阶段的信息如何提供、如何存储。

3. 细致地记录单个对象的属性。

4.IFC 可以从"非常小"的信息一直记录到"所有信息"。

5.IFC 可以容纳几何、计算、数量、设施管理、造价等数据，也可以为建筑、电气、暖通、结构、地形等许多不同的专业保留数据。

（二）IFC的目标

IFC 的目标是为建筑行业提供一个不依赖于任何具体系统的，适合于描述贯穿整个建筑项目生命周期内产品数据的中间数据标准（Neutral And Open Specification），应用于建筑物生命周期中各个阶段内以及各阶段之间的信息交换和共享。

三、IFC 的内容范围和框架层次

IFC 可以描述建筑工程项目中一个真实的物体，如建筑物的构件，也可以表示一个抽象的概念，如空间、组织、关系和过程等。同时，IFC 也定义了这些物体或抽象概念特性的描述方法。IFC 可以描述的内容包括建筑工程项目的方方面面，其中包含的信息量非常大而且涵盖面很广。因此，IFC 标准的开发人员充分地应用了面向对象的分析和设计方法，并设计了一个总体框架和若干原则将这些信息包容进来并很好地加以组织，这就形成了 IFC 的整体框架。IFC 的总体框架是分层和模块化的，整体可分为四个层次，从下到上依次为资源层、核心层、共享层、领域层。

（一）资源层

IFC 资源层的类可以被 IFC 模型结构的任意一层类引用，可以说它是最基本的，它和核心层一起在实体论水平上构成了产品模型的一般结构，虽然目前结构类的识别还不是基于实体论模型。资源层包含了一些独立于具体建筑的通用信息的实体（Entities），如材料、计量单位、尺寸、时间、价格等信息。这些实体可与其上层（核心层、共享层和领域层）的实体连接，用于定义上层实体的特性。

这些实体包括IFC Utility Resource、IFC Measure Resource、IFC Geometry Resource、IFC Property Type Resource和IFC Property Resource。其中，IFC Utility Resource包括一些项目管理使用的概念类——标识符、所有权、历史记录、注册表等。IFC Measure Resource采用ISO 10303第41部分度量类，列出数量的单位和度量标准。IFC Geometry Resource规定了产品形状的几何和拓扑描述资源，这些资源部分由ISO 10303第42部分（集成通用资源：几何与拓扑表达）改写过来（IAI1997b：4-40）。IFC Property Type Resource定义了对象和关系的各种各样的特性，它由人员、分类等级、造价、材料、日期和时间等类组成。子类"材料"是各种各样的材料表。这些类是通用的，而不是建筑专门的类，它们的作用是作为一种定义高级层里的实体属性的资源。

（二）核心层

核心层提炼定义了一些适用于整个建筑行业的抽象概念，如Actor、Group、Process、Product、control、Relationship等。例如，一个建筑项目的空间、场地、建筑物、建筑构件等都被定义为Product实体的子实体，而建筑项目的作业任务、工期、工序等则被定义为Process和Control的子实体。核心层分别由核心（Kernel）和核心扩展（Core Extensions）两部分组成。

IFC Kernel 提供了 IFC 模型要求的所有基本概念，它是一种为所有模型扩展提供平台的重要模型（IAI 1997 A：6），这些构造不是 AEC／FM 特有的。Kernel类有 IFC Object，IFC Relationship 和 IIFC Modeling Aid。

核心扩展层包含Kernel类的扩展类IFC Product、IFC Document、IFC Process和IFC Modeling Aid。核心扩展是为建筑工业和设备制造工业领域在Kernel里定义的类的特例，IFC Product Extension定义元素、空间、场地、建筑和建筑楼层等概念。IFC Process Extension有子类，它是为了掌握关于生产产品的工作信息，在这些类里尽可能定义工作任务和资源。子类IFC Document Extension是在建设建筑中使用的典型文件类型的信息内容的详细说明，目前只包含造价表。IFC Modeling Aid Extension包含帮助项目模型开发的子类，如IFC Design Grid和IFC Reference

Point。

（三）共享层

共享层分类定义了一些适用于建筑项目各领域（如建筑设计、施工管理、设备管理等）的通用概念，以实现不同领域间的信息交换。例如，在 Shared Building Elements schema 中定义了梁、柱、门、墙等构成一个建筑结构的主要构件，而在 Shared Services Elements schema 中定义了采暖、通风、空调、机电、管道、防火等领域的通用概念。

共享层包含了在许多建筑施工和设备管理应用软件之间使用和共享的实体类。因此，Shared Building Elements 模块有梁、柱、墙、门等实体定义；Shared Building Services Elements 模块有流体、流体控制、流体属性、声音属性等实体定义；Shared Facilities Elements 模块有资产、所有者和设备类型等实体定义。

（四）领域层

领域层包含了为独立的专业领域的概念定义的实体，例如建筑、结构工程、设备管理等。领域层是 BIM 模型的最高级别层，分别定义了一个建筑项目不同领域（如建筑、结构、暖通、设备管理等）特有的概念和信息实体。例如，施工管理领域中的工人、施工设备、承包商等，结构工程领域中的桩、基础、支座等，暖通工程领域中的锅炉、冷却器等。

四、IFC 实现方法

当软件开发者实现 IFC 标准时，需要对 IFC 标准有深刻、广泛的认识和理解。目前的 IFC2x2 大约有 300 个类，IFC2x2Final 则更多，大约有 1500 个类。由于 IFC 模型较为复杂，从一个 IFC 文件海量的建筑设计数据中，读取自己软件所需要的信息是十分困难的。一些公司提供 IFC 通用平台，如日本 Secom Inc. 公司开发了 IFC server 工具包，芬兰的 Olof Granlund 公司开发了 BSPro COM-Server，挪威的 EPM Technology 公司开发了 EDM server。专业软件开发公司可以采用现有的 IFC 平台，更方便、更快捷地实现基于 IFC 标准的信息交换与共享。

五、IFC 标准在各国的应用

作为 BIM 数据标准，IFC 标准虽然还不完善，但正在高速发展并日趋成熟。目前，IFC 标准的优势还未得到充分体现，其原因在于国际上的大型软件厂商提供了成套的建筑业软件，同一厂商的软件之间可以直接交换数据。但是，在工程项目外形和结构越来越复杂、对分析模拟功能的要求越来越高的趋势下，再大型的软件厂商也很难提供可以解决工程项目所有问题的软件产品。同时，因为 BIM 数据将应用于建筑工程的全生命周期，时间跨度大多为 50 年以上，从长远来看，依靠某一个厂商支持的数据标准也具有较高的风险性。正是由于对上述问题的认识，IFC 标准得到越来越广泛的应用。

（一）IFC标准在国际上的应用

1.许多国家和地区采用 IFC 标准作为本国实施 BIM 的数据标准。美国、欧洲各国、新加坡、韩国、澳大利亚等相继发布了基于 IFC 标准的 BIM 实施规范及应用案例。以美国为例，基于 IFC 标准制定了 BIM 应用标准 NBIMS（National Building Information Model Stand-ard）。NBIMS 是一个完整的 BIM 指导性和规范性的标准，它规定了基于 IFC 数据格式的建筑信息模型在不同行业之间信息交互的要求，实现了信息化促进商业进程的目的。

2.国际上的各大建筑业软件厂商，如 Autodesk、Graphisoft、Bentley System、Neme-tschek 等，均提供了各自旗下软件产品对 IFC 标准文件格式输入输出的支持。同时，有许多专业软件如 Tekla、Solibri、Rhino 3D、Acrobat 等也支持 IFC 标准格式文件。

（二）IFC标准在我国的应用

1.IFC 在我国的应用前景。IFC 标准中包含的内容非常丰富，其中可以借鉴的东西也很多，在我国的应用前景非常广阔。

首先，IFC 数据定义模式是值得借鉴的。我国大多数的软件开发还停留在自定义数据文件的水平上，简单地定义某一位置或某一项数据代表的含义，这种方式显然不适合大型系统的开发和扩展，更不适合数据交换了。现在需要一个总体的规划，和规范的数据描述方式，否则在前面简单定义数据所节省的时间，会在后期修改和扩展中加倍地浪费掉，而且容易失去对系统的控制。

其次，IFC 数据定义内容是值得借鉴的。IFC 目前和将要加入的信息描述内容是非常丰富的，涉及建筑工程的方方面面，包括几何、拓扑、几何实体、人员、成本、建筑构件、建筑材料等。更为难得的是，这些信息用面向对象的方法、模块化的方式很好地组织了起来，成为一个有机的整体。在定义自己的数据时，可以借鉴或直接应用这些数据定义。IAI 组织集中了全世界顶尖的领域专家和 IT 专家，由他们定义的信息模型经过了多方的验证和修改，是目前最优秀的建筑工程信息模型。如果抛开 IFC，完全自定义信息模型，只能保证定义的模型与之不同，而不能保证能比它更好。

IFC 在中国的应用领域很多，针对当前需求，主要体现在以下两方面：

（1）企业应用平台。我国的建筑企业，特别是大中型设计企业和施工企业，都拥有众多的工程类软件。在一个工程项目中，往往会应用多个软件，而来自不同开发商的软件之间的交互能力很差。这就需要人工输入数据，其工作量是非常大的，并且很难保证准确。同时，企业积累了大量的历史资料，这些历史资料同样来自不同的软件开发商，如果没有一个统一的标准，也很难挖掘出里面蕴藏的信息和知识。因此，需要建立一个企业应用平台，集成来自各方的软件，而数据标准将是这个集成平台不可或缺的内容。

（2）电子政务。新加坡政府的电子审图系统，可能是 IFC 标准在电子政务中应用的最好实例。在新加坡，所有的设计方案都要以电子方式递交政府审查，政府将规范的强制要求编成检查条件，以电子方式自动进行规范检查，并能标示出违反规范的地方和原因。这里一个最大的问题是，设计方案所用的软件各式各样，不可能为每一种软件编写一个规范检查程序。所以，新加坡政府要求所有的软件都要输出符合 IFC2x 标准的数据，而检查程序只要能识别 IFC2x 的数据即可完成任务。随着技术的进步，类似的电子政务项目越来越多，而标准扮演了越来越重要的角色。

2.IFC 标准在我国的应用状况。我国也积极开展了 IFC 标准的研究和推广工作。中国建筑标准设计院早在 1997 年就开始跟踪 buildingSMART 组织（原 IAI 组织）及 IFC 标准，加强与国际组织的联系，以参与其标准编制，使国际标准能够适合我国国情。中国建筑标准设计研究院已于 2005 年加入了 buildingSMART 组织并得到承认。

2007 年，中国建筑标准设计研究院发布了《建筑对象数字化定义》(JG / T 198–2007) 标准。该标准非等效采用了 IFC 标准平台规范（IFC 2xPlatform），并规定了建筑对象数字化定义的一般要求、资源层、核心层及交互层。它适用于建筑物生命周期中各个阶段内以及各阶段之间的信息交换和共享，包括建筑设计、施工、管理等。水利、交通和电信等建设领域的信息交换和共享可参考该标准。

2008 年，中国建筑科学研究院、中国标准化研究院等单位共同起草了国家指导性技术文件《工业基础类平台规范》(GB／T 25507-2010)。此标准等同采用了 IFC 标准：在技术内容上与其完全保持一致，仅为了将其转化为国家标准，并根据我国国家标准的制定要求，在编写格式上作了一些改动。

2009 年，清华大学软件学院开展了中国建筑信息模型标准框架(Chinese Building Infor-mation Modeling Standards，CBIMS)研究。CBIMS 框架以 IFC 标准作为其数据交换格式，旨在构建一套促进 BIM 实施应用的建筑业各参与方同意遵循的标准框架体系。该标准框架将由"CBIMS 技术规范""CBIMS 解决方案"和"CBIMS 应用指导"三部分组成。

在中国香港，BIM 的应用推动有力且较深入，招标文件中明确要求用 BIM 提交文档，配套研究也很深入。2010 年，香港房屋署编制并对外发布了 BIM 内部标准。该标准由 BIM 使用指南、BIM 标准手册、BIM 组件库设计指南、BIM 组件库参考资料等部分组成。

我国的软件企业单位也对 IFC 标准的应用做了一些研究。例如，中国建筑科学研究院开发完成了 PKPM 软件的 IFC 接口，并在"十五"期间完成了建筑业信息化关键技术研究与示范项目《基于 IFC 标准的集成化建筑设计支撑平台研究》。

3.IFC 在我国的应用问题。尽管 IFC 标准是 STEP 标准的简化，并且是为建筑行业量身定做的信息标准，但它还是一个庞大的信息模型，并不容易掌握。系统的技术培训是引入标准的前提条件和首要任务。

IFC 作为建筑产品数据表达与交换的国际标准，支持建筑物全生命周期的数据交换与共享。其在横向上支持各应用系统之间的数据交换，在纵向上解决建筑物全生命周期的数据管理。一栋建筑从规划、设计、施工，一直到后期物业管理，其档案资料数据需要不断积累和更新，也需要统一的标准。应用 IFC 标准是一次有益的尝试，弥补我国在工程建设数据管理方面的不足，使建筑数据模型作为真实建筑的资料信息，与之同步进化和发展，随时供工程与管理人员查询分析。建筑物作为城市的重要组成部分，建筑产品数据标准的研究必将带动数字城市建设的发展。现代城市是通过工程建设完成的，其管理与维护也离不开工程建设的支持。建筑数据模型应该成为数字城市的重要组成部分，建筑产品数据标准的研究是对数字城市理论的支持和完善。

要消除人为的"信息孤岛"还要规范和健全制度和标准，在制度、法律、标准上明确信息共享的度和量；要从管理者做起，消除原先的信息共享的等级制度。要消除一些部门的信息特权观念，真正做到信息共享，实现协同管理。实施信息化的目的就是要缩小数字鸿沟，实现资源和信息共享，最大限度地发挥信息所带来的效益。信息只有在共享之后才能重复开发利用，才能不断升值，只有缩小数字鸿沟才能实现均衡协调、可持续发展。

第六章 BIM 技术在建筑施工的应用

第一节 装配式建筑施工关键技术分解及施工模拟

一、装配式建筑特点

装配式建筑是建筑工业化的产物，是采用以标准化设计、工厂化生产、装配化施工、一体化装修和信息化管理等为主要特征的建筑工业化生产方式建造的建筑物。与传统建筑相比，装配式建筑的特点如表 6-1 所示。

表 6-1 装配式建筑的主要特征

环保	通过机械化生产，在施工现场进行安装，减少湿作业，减少了现场施工造成的大量建筑垃圾。
节能	预制墙具有保温层，可以起到冬暖夏凉的作用，从而降低能量消耗。
缩短工期	改变了传统现场浇筑的方式，将预制构件安装与现场浇筑施工相结合，减少了大量工序，减少了施工现场的工作强度，也缩短了整体工期。
减少人工成本	采用现场装配式施工技术，机械化程度高，可以大量减少现场作业人员，节省大量的人工成本，同时还能提高施工效率。
安全保障	改善施工工人作业环境，避免施工中造成的人员伤亡。

二、装配式建筑施工过程

表 6-2　装配式建筑施工过程

01 构建运输到现场	02 外墙板安装	03 墙板连接构图安装板缝处理	04 叠合梁安装
根据现场施工进度及需要，现场的存放条件将最先需要的构件运输到施工现场，存放在预计位置，方便塔吊进行安装工作。	根据图纸要求，依据制定的吊装次序，对外墙进行吊装。吊装完成后，对外墙板进行支撑。	按规范要求，板缝宜控制在 20–25mm 之间。	叠合梁吊装结束后必须用两个夹具进行临时固定。
05 内墙板安装	06 剪力墙、柱混凝土浇筑	07 模板、斜支撑拆除	08 搭设叠合板顶支撑
根据施工图纸要求，按照相应的编号对内墙板进行吊装，安装时检查墙板的正反面，吊装完对内墙板进行支撑。	浇筑混凝土时先对预制构件上的混凝土表层进行处理，然后进行分层浇筑。	当混凝土强度达到规定要求时，将模板拆除，并同时拆除斜支撑。	要符合规范要求，保证其稳定性。

三、施工场地布置规划及模拟

（一）施工场地布置规划

施工场地的布置要以施工现场的实际情况为基础进行设计，要合理利用一切可利用的空间，以满足不同阶段的施工要求。施工场地布置要从基础、临建设施、机械布置、预制构件堆放区域等几个方面入手。

（二）场地布置模拟

基于建立好的场地模型，对施工场地进行科学合理的布置规划，包括基础、临建设施、机械布置、预制构件堆放区域等的布置，可以形象地展现施工现场，避免用地浪费，避免运输道路拥堵，加强施工人员管理等，可以有效避免预制构件二次搬运，以图 6-1 为创建场地布置底图，通过 Revit 软件创建场地模型，图 6-2 为场地布置模拟图，图 6-3，为场地局部截图。

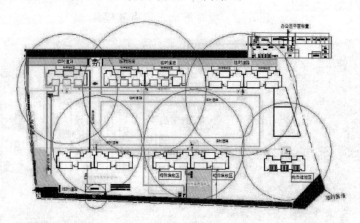

图 6-1 创建场地布置图

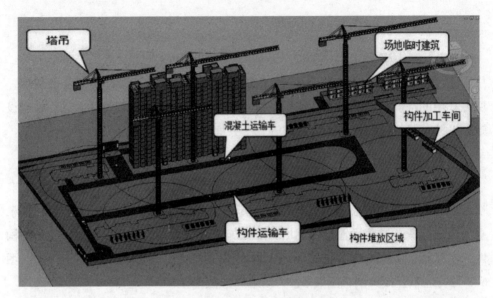

图 6-2　项目场地三维布置模拟

图 6-3　场地布置模型局部截图

四、吊装技术分解及施工模拟

(一) 施工准备工作

1. 吊装准备工作,如表6-3所示。

表6-3　吊装准备工作

人员要求	A. 装配操作人员必须经过三级安全教育并经过上岗培训和体检合格 B. 装配操作人员必须经过三级安全教育并经过上岗培训和体检合格
机械选择	A. 满足最不利吊装位置构件起吊重量 B. 满足塔吊半径覆盖最重构件要求
预制构件	预制外墙板、预制内墙板、预制叠合楼板、预制楼梯、叠合梁
工具准备	钢梁、斜支撑、钢筋定位板、连接件、梁托、缆风绳
工作准备	作业人员技术交底、吊装区域设置警示标志、复合控制线、确认吊装构件编号

2. 吊装过程

图6-4为预制构件的吊装过程。

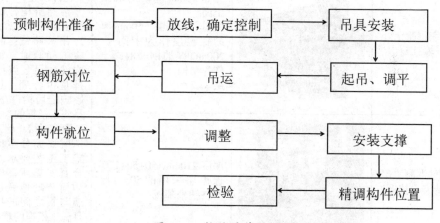

图6-4　构件吊装过程

3. 验收工作

预制构件吊装就位后,应对预制构件位置与轴线位置、构件标高、构件垂直度、倾斜度等进行检查。表6-4为预制构件吊装验收标准,单位mm。

表 6-4 预制构件吊装验收标准

构件	搁置长度（允许误差）	构件中心线对轴线位置	构件标高	相邻构建平整度
梁	±10	±5	±5（底面）	抹灰 5 不抹灰 3
板	±10	±5	±5（底面）	
墙		10	3	外露 5 不外露 10
柱		10	3	

（二）预制墙板施工模拟施工

1. 预制外墙分类，如表 6-5 所示。

表 6-5 预制外墙分类

构件名称	图片	构造工艺	施工模拟难点
预制混凝土外墙挂板		预制外墙板的构造主要为带 50mm 饰面的混凝土面层作为外层，50mm 厚的保温层作为中间层，200mm 厚的钢筋混凝土作为结构层。	1. 构件创建：构建的复杂性给构件的模型创建带来困难；2. 吊装路线：制作施工动画时，每个构件的吊装路线安排是否合理，是否影响之后构件吊装，是施工模拟的难点；3. 构件对接：施工模拟时要充分考虑到施工工艺要求及符合真实施工，所以如何清晰地表达外墙与板之间的连接是施工模拟的难点。
钢筋混凝土聚苯夹心挂板		厚度 210mm（50+50+110）保温层采用的 50mm 厚的挤塑聚苯板。	

夹心保温预制墙板	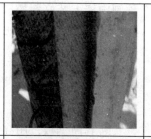	这种墙板由于保温层受到构造条件的限制，其厚度一般为300mm，其内层是结构墙体，中间层是保温层，外表面是饰面层。	1.构件创建：构建的复杂性给构件的模型创建带来困难； 2.吊装路线：制作施工动画时，每个构件的吊装路线安排是否合理，是否影响之后构件吊装，是施工模拟的难点； 3.构件对接：施工模拟时要充分考虑到施工工艺要求及符合真实施工，所以如何清晰地表达外墙与板之间的连接，是施工模拟的难点。
PK外墙挂板		中部空心，可以向里面打入聚苯颗粒，形成保温墙体。	

2. 吊装过程及技术要点

（1）外墙吊装

①在地面放好控制线和施工线，用于预制板定位，吊装人员将安全带固定在可靠位置，拆除需吊装预制外墙板处的安全维护措施，清扫预制墙板吊装区域地面；

②检查预制墙板的轴线、型号是否正确，然后根据编号及吊装顺序依次进行吊装，同时清扫预制墙板底部的粉尘等异物；

③吊装预制外墙板，预制外墙板吊装采用两点起吊，使用专用吊具配合施工，从堆场起吊时，轻起、快吊、慢落；注意，吊装外墙时，吊装一块，拆除一块安全围挡，安装一块预制墙板；

④预制板轻落至楼地面5~10cm时，缓慢调节至地面，对预制外墙板的位置进行精调，安装底部限位和固定装置，吊装外墙板时禁止用脚推移；

⑤安装斜撑，安装斜撑时应采用"先上后下"对连接件，斜撑不应少于两根，将预制外墙板调整至垂直，在预制板竖向缝处粘贴防水胶带，依次固定横向连接片；

⑥检验预制板安装的垂直度。

（2）内墙吊装

①用水准仪测量底部水平，在预制内墙板吊装位置下放置垫片；

②预制内墙板采用两点吊装，吊装前在预制内墙上装好斜撑杆用的吊环，预制板落下时将有预留孔的一面对准预埋件一侧，落地慢速均匀，内墙板上的预留连接孔与地面预留钢筋对齐；

③预制内墙板放平后，安装临时支撑，斜撑不应少于两根，使预制内墙板垂直，调整预制板位置与控制线平齐；

④安装底部限位，安装底部 L 形连接件，安装套筒钢板，用高强螺丝拧紧；

⑤检验验收；

⑥用注浆机密实灌浆孔，封闭安装孔。

（三）对预制墙吊装施工模拟

在现场进行预制墙板吊装时，容易出现一些问题，如预留插进位置偏差大，预留插筋高度不准确，预留插筋遗漏，墙板吊装轴线偏差大、预制墙板安装标高偏差大等，表 6-6 为影响预制墙板吊装施工质量调查统计表。从上表可以分析产生问题的原因大致分为两种：一是在施工现场，构件吊装顺序安排不合理，在吊装过程中因为墙板的碰撞造成墙板位置的改变；二是操作工人的质量意识较差，不能完全理解施工工艺的要点，在操作中出现失误。

表6-6　影响预制墙板吊装施工质量调查统计表

序号	缺陷名称	频数（点）	频率（%）	累计频率（%）
1	预制墙板吊装轴线偏差大	42	41.5	41.5
2	预制墙板吊装垂直偏差大	32	31.94	73.44
3	预制墙板安装标高偏差大	28	26.56	100
合计		102	100	

进行吊装模拟可以优化墙板之间的吊装顺序，通过施工模拟可以将施工工艺及施工要点简单、详细地展示给操作工人，这样可以提高工人的工作效率。对预制墙板吊装进行模拟，采用 Revit 软件对模型进行拼装完成后，将导出的.dwf 文件导入到 Navisworks 中，开始制作施工模拟动画。

1.选取要吊装的墙板，创建相应集合，如图6-5所示，为预制外墙创建集合；

2. 采用 Animator 创建场景，以选中的集合为基本单位创作动画集；

3. 以构件起点的位置为开始关键帧，开始起吊构件，图 6-6 为外墙起吊，在构件吊装的关键位置捕捉关键帧，形成吊装路线；图 6-7 为捕捉的关键帧；

4. 根据吊装路线，将预制外墙板吊装就位，按照施工工艺要求，在距板 1m 时，缓慢下降，如图 6-8 所示，注意连接钢筋与外墙板下放孔洞是否对齐，对准后将预制外墙缓慢下降直至完全就位，图 6-9 为板内部套筒构造，图 a 为灌浆孔表面，图 b 为灌浆孔内部结构；

5. 为斜支撑与 L 型连接片分别创建动画集，以板就位的时间点为斜支撑出现的起点制作动画，如图 6-10、6-11 所示；

6. 选择下一块外墙，重复以上顺序，便可完成吊装，如图 6-12 所示。

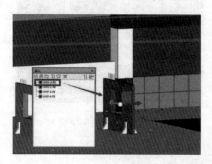

图 6-5　为构件创建集合

图 6-6　起吊外墙板图

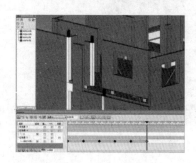

图 6-7　捕捉关键帧

图 6-8　外墙板距板 1m

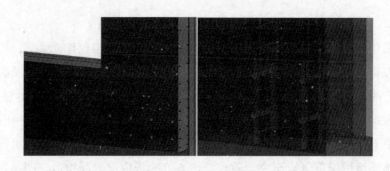

a   b

图 6-9　灌浆孔构造

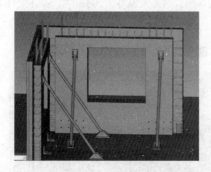

图 6-10　安装斜支撑图　　　　图 6-11　安装 L 形连接片

图 6-12　外墙板吊装完成

（四）预制叠合板施工模拟

1. 预制板分类，如表6-7所示。

表6-7　预制板分类

构件名称	图片	构造工艺	施工模拟难点
PK叠合板		为预应力带肋带孔的叠合板，在混凝土初凝时，将T型肋带通过钢件与地板连接，再进行蒸汽养护。	1. 吊装路线：制作施工动画时，要考虑到每个构件的吊装路线安排是否合理，是否影响之后构件吊装； 2. 构件对接：施工模拟时要充分考虑施工工艺要求是否符合真实施工，所以如何清晰地表达板与板之间的连接，是能否起到指导施工作用关键。
预制桁架钢筋叠合楼板		底板是将混凝土浇筑在钢筋桁架网上而成的；钢筋桁架网由钢筋桁架，安置在桁架下弦且垂直于钢筋桁架的附加筋构成。	
全预制节点叠合楼板		由预制混凝土底板、后浇叠合层、界面连接钢筋桁架、板端突出组成，其中预制混凝土底板含有楼板的全部板底配筋。	

2. 叠合板施工过程及技术要点

（1）用水平尺检查在排架上的方木与边模平齐，模板边黏贴双面胶防止漏浆；

（2）叠合板吊装采用四点起吊，吊装时使用小卸扣链接叠合板上预埋吊环，起吊时检查叠合板是否平衡，在叠合板吊装至吊装面时，抓住叠合板桁架钢筋固定叠合板，叠合板根据梁模板、墙模板定位，图6-13为叠合板吊装；

（3）将叠合板吊装至吊装面1.5 m时，抓住叠合板桁架钢筋轻轻下落，在高度10cm时参照模板边缘校准下落；

（4）调整叠合板位置，拆除吊具，图6-14为安装完成的叠合板。

图 6-13　叠合板吊装　　　　图 6-14　安装完的叠合板

3. 对预制叠合板吊装施工模拟

在施工现场，由于场地及周边道路的限制，构件堆放和塔吊的安置比较紧密，在吊装时叠合板的重心不稳，易造成偏心现象，在就位时无法准确对准控制线；在完成第一块叠合板吊装后，进行第二块吊装时，由于吊装路线安排不合理，可能造成第二块叠合板与第一块叠合板碰撞等问题。采用 BIM 技术在叠合板吊装前根据施工现场的限制条件对叠合板的吊装进行一次模拟，可以避免碰撞的问题发生。以下通过软件对叠合板吊装顺序及吊装过程进行模拟。

在 Revit 中将模型、三脚架及木枕等拼装起来，并将导出的.dwf 文件导入到 Navisworks 中，然后进行动画制作。叠合板吊装模拟过程如下：

（1）采用集合管理命令，对预制叠合板及其他辅助工具创建集合；

（2）采用 Animator 创建场景，对创建的集合制作动画集；

（3）以构件起点的位置为开始关键帧，开始起吊构件，预制叠合板起吊，在构件吊装的关键位置捕捉关键帧，形成吊装路线；

（4）根据吊装方案，在板下方安置三脚架及垫块，按照施工工艺在距吊装位置 1.5m 时，调整板的位置，如图 6-15，然后缓慢下落，精调叠合板位置，直至叠合板就位，如图 6-16 所示；

（5）按照施工方案，重复吊装过程，直至吊装完成，如图 6-17 所示。

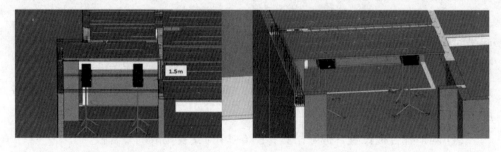

图 6-15　叠合板距吊装点 1.5m　　　图 6-16　叠合板就位

图 6-17　按顺序吊装整层叠合板

（五）预制楼梯安装施工

1.预制楼梯

预制楼梯：采用平模或立模生产、铰接，具有良好的抗震性，安装方便，即安即用。与现浇楼梯相比，在成本方面占据优势，同时生产时采用立模可保证楼梯表面光滑。

2.预制楼梯施工过程及技术要点

（1）吊装前根据预制楼梯梯段的高度，测量楼梯梁现浇面是否水平，根据测量结果放置不同厚度的四块垫片；

（2）楼梯吊装采用四点起吊，使用专用吊环与预制楼梯上预埋的接驳器连接，使用钢扁担吊装、钢丝绳和吊环配合楼梯吊装；

（3）吊装楼梯至吊装面高度 1.5 m 高时，上下两端固定楼梯吊装钢丝绳，使楼梯缓缓落在控制线内；

（4）调节预制楼梯平衡、楼梯位置；

（5）检测楼梯水平和相邻梯段的水平。

3.对预制楼梯吊装施工模拟

预制楼梯采用塔吊进行吊装。在施工时装配式建筑的专用术语不易被现场工人理解，严重阻碍了吊装工作的顺利完成。比如，在吊装时出现楼梯支座接触不实或者搭接长度不够的问题，吊装完成后，操作工人未能及时灌浆导致楼梯段干摆等诸多问题。

第二节　基于 BIM 技术的装配式混凝土结构设计的研究

一、预制装配式混凝主建筑

自 2009 年 12 月在哥本哈根召开世界气候会议以来，这是令世界人民瞩目的，被称为拯救人类环境的最后机会的一场会议，虽然未能最终达成一致，但是它揭开了人们对气候变化这个潘多拉盒子的忧虑，也掀起了一场"低碳经济"发展新潮。放眼建筑经济发展历程，发达国家建筑业发展已走在产业化研究与实践的前沿，建筑设计及建筑施工走向产业化发展是建筑业低碳经济未来的发展方向，而中国目前建筑施工尚处于传统模式阶段，与发达国家差距甚大，具有很大的发展空间和研究价值。住宅建筑产业化是当前建筑业"低碳经济"发展的捷径，产业化发展将是建筑施工能耗更低、效率更高的前进方向，从而大大减少碳排放并加大资源循环利用。

我国正处于城市化发展时代，在当前应对全球气候变暖及低碳经济的热点话题之下，建筑住宅产业化替代当前现场施工已成为经济管理者们共同探讨的领域。目前，我国每年新建建筑量约为 20 亿 m^2，位居世界之首，相当于全世界新建建筑量的近 40%，预计这一过程还要持续 25–30 年，随着我国城市化进程的不断发展，我国每年需要住宅面积达到 7 亿 m^2 左右。住宅产业现代化的发展面临着住宅需求量大、建筑质量有待提离、劳动力成本日益昂贵，人们对高品质住房的需求与落后的建筑生产方式的矛盾等问题，传统的住宅建造方式对住宅产业化的制约和影响日益突显。因而，改革住宅建造方式，推进住宅建设工业化，进而实现住宅产业化是非常必要的，装配式建筑的发展将促进建筑领域生产方式的巨大变革。

在此背景下，研究建筑信息模型在装配式混凝土建筑结构中的应用就具有很强的理论和现实意义。首先，从理论研究上讲，PC 建筑符合现代社会提出的低碳节能的绿色建筑理念，加速了构建和谐社会的进程。从现实意义上讲，将 BIM 技术进行在装配式混凝土建筑结构中，减少了设计出错率，提高了设计的效率，同时也提高了设计出图的效率，便于预制装配式构件的工厂预制化及现场的机械化装配等。

二、预制装配式建筑结构发展概况

（一）预制装配式建筑基本概念

预制装配式混凝土建筑（Prefabricated Concrete，PC），是指在工厂生产加工预制构配件后通过运输工具运送到施工工地现场，在施工现场经装配、连接、部分现浇而成的建筑。其施工过程大致可分为三个阶段：第一阶段是在构件厂进行构件的生产制造，简称预制阶段；第二阶段是将构件运送至现场进行施工，简称运输阶段；第三阶段是预制构件的建造施工阶段，简称安装阶段。装配式建筑根据其装配化的程度可分为全装配式和半装配式两大类。

（二）预制装配式建筑的优点

与传统的现场浇筑混凝土的建造方式相比，预制装配式混凝土建筑有以下几个优点；

1. 房间空间布置的灵活性大，室内空间的分割也更加随意方便。

2. 很好地解决了一些因冬季施工出现的问题。模板租赁料具等用量减少，现场浇筑混凝土的工作量也大大减少，在一定程度上减少材料浪费。预制楼板一般都不需要支撑，叠合楼板的模板用量也很少。

3. 采用全预制或半预制的施工模式，大大减少了现场湿作业，减少了施工扰民，有利于保护周围环境，减少了能源和材料的浪费。

4. 建筑物的外观尺寸一般要符合模数要求，生产的混凝土构件比较标准，适应性比较普遍。预制构件表面平整、外观好、尺寸准确、并且能将保温、隔热、水电管线布置等多方面功能要求结合起来，有良好的技术、经济效益。

5.PC 构件在工厂内进行工业化生产，在施工现场可直接装配建造，大大缩短工期，投资周期快。由于构件是在工厂预先生产好的，所以支模、拆模和混凝土养护工作大大减少，能有效加快项目施工速度。从而缩短了投资回收期，减少了项目成本投入，具有明显的社会效益和经济效益。

6. 在预制装配式混凝土建筑的建造过程中，自动化生产和现代化控制得以充分体现，且建筑产业的工业化大生产在很大程度上得以促进。构件的工厂化生产提高了劳动生产率，生产环境相对安全和稳定，混凝土预制构件有利于机械化生产，生产过程严格按照国家和地方标准执行，因而质量保证率高。以装配式施工遵循可持续发展的原则，符合当今提倡的节地、节能、节材、节水、环境保护绿色施工的要求。同时也降低了对环境的负面影响，包括降低噪音、防止扬尘、清洁运输、减少场地干化、节约水、电、材料等资源和能源。此外，PC 结构很大程度减少了建造过程中产生的垃圾，如废弃的钢筋、铁丝、混凝土等。

此外，PC 结构还可以连续地按顺序完成工程的多个或全部工序，实现了立体交叉作业，减少进场的工程机械种类和数量，消除工序衔接的停闲时间，减少施工工工地工作人员。装配式混凝土建筑还有以下优点：进度快，可在短期内交付使用；劳动力减少，交叉作业方便有序；每道工序都可以像设备安装那样检查精度，保证质量；施工成本降低。由于装配式建筑构件是在工厂车间内生产完成的，在冬季也可以生产，运到施工现场组装，解决了北方地区冬季施工难的问题。

三、BIM 技术在 PC 中的 3D 协同设计应用

要想做好建筑产业化，就是要将混凝土结构传统模式——"设计—现场施工"转变为装配模式——"设计—制造—安装"从而可见，协调设计方设计、工厂制造和现场施工安装三者之间的关系是建筑产业化发展的紧要任务。

（一）BIM与PC建筑的结合点

1. 基于 Revit 的 BIM 模型与 PC 建筑都是以建筑构筑为对象

在 Revit 模型中，模型图元分为主体图元和构建图元。主体图元包括楼板、墙体、屋顶、天花板、楼梯、斜坡道等，构件图元指的是口、窗、家具等。无论是主体图元还是构件图元，它们的基本对象都是建筑构件单体。而在 PC 建筑结构中，同样是以预制梁、板、柱、墙体等为对象。BIM 模型与 PC 建筑结构不约而同的都是以各建筑构件为对象，为 BIM 技术在 PC 建筑结构中应用及对标准化的构件库管理提供了可依据的基础。在下面小节中会详细阐述。

2. BIM 技术实现 PC 建筑标准化的管理

预制装配式住宅建筑体系主要围绕三大结构形式：框架结构、框架剪力墙结构、剪力墙结构。而无论哪种结构形式的预制装配式建筑，最重视的不外乎对预制构件的模数化、标准化的研究和应用。而合理的运用预制构件可最大化地发挥

预制装配式建筑的特点。

在 BIM 技术中，BIM 模型是一个参数化的信息载体，而 Revit 软件中"族"是组成信息模型的构件单元，且"族"概念恰好与 PC 建筑结构中的预制构件相吻合。族是组成项目的构件，同时是参数信息的载体。可以为每个所创建的构件添加多个参数控制其截面尺寸大小、形状等，同时也可以添加材质参数来控制构件的材质，从而得到参数化的三维构件模型。

Revit 中族的概念中可以通过族类别、族类型对族进行命名管理。族类别是以构件性质为基础，对建筑模型进行归类的一组图元，例如梁、柱等为族类别。族可以有多个类型，类型用于表达同一族的不同参数属性值，如族——"矩形混凝土柱.Raf"包含横截面为"300mm × 500mm""500mm × 500mm""400mm × 600mm"等不同类型的矩形混凝土柱。由此可以有效地对标准化的构件库进行管理。Revit 中族类别、族名称、族类型三者关系，见图 6-18。

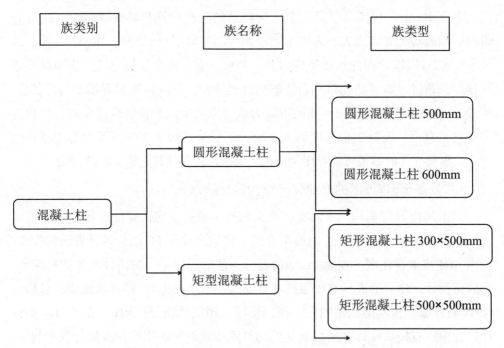

图 6-18　族类别、族名称、族类型三者关系

3.BIM 技术实现 PC 建筑的精细化表达

住宅产业化 PC 结构的主要工序是：设计、构件工厂制造、施工现场装配。

设计阶段包括四个阶段：方案阶段设计、初步阶段设计、施工图设计和深化设计，其中深化设计阶段用于工厂预制 PC 构件的工业化生产，至关重要。工业化生产对构件、部品设计都有要求，不允许出现设计错误和遗漏。BIM 技术把传统的二维构件用三维可视化 BIM 模型替代，项目设计中均采用标准化的设计族（预制外墙、预制梁、预制楼梯、预制楼板），将这些预制构件族载入项目中应用，建立起可视化的三维 BIM 模型。工业化项目的构件图设计阶段可应用所建立的三维 BIM 模型自动生成二维图形，经过简单的图面修改、补充、处理，即可完成构件的平、立、剖面图，这些图中包含健全的施工中所需的预留孔洞、预埋信息，大大减少了预制 PC 构件深化设计绘图的工作量，并且避免了设计变更时设计平、立、剖图纸的错漏问题，提高了设计图纸的质量，满足了 PC 建筑对构件精细表达的要求。

4. 自动统计构件明细表

基于 Revit 的 BIM 模型是一个富含信息的项目构件和部件数据库，Revit 自带的明细表功能非常强大，为明细表添加可用字段（族与类型、体积、标高、总计等），就可以统计构件这些字段内容，并可以对这些字段根据项目实际需要进行排序，通过过滤器功能将不需要的构件过滤掉，只统计项目有用的构件信息。Revit 如此强大的工程量统计功能可以为造价人员提供造价管理需要的项目构件和部件信息，从而减少根据图纸人工统计工程量的烦琐工作以及引起的潜在错误。工程量统计的结果可以导出为 .txt 文本格式，并供其他相关软件使用。

（二）基于BIM技术的产业化PC结构设计的方法

以上述内容为基础，下面提出本文的基本研究思想，并使用基于 BIM 技术的 Autodesk Revit Structure 为例简单介绍对住宅产业化 PC 结构设计方法的探索。应用 BIM 技术在住宅产业化 PC 结构设计方法的思路是：按构件部品的标准化、模数化设计，建立形成具有较强技术集成的住宅产业化 PC 结构所需要的各构件（如预制外墙、预制梁、预制柱、预制楼梯、预制楼板等）族库，在项目结构设计过程中，直接从设计好的标准化的构件库中选取所需用的标准构件到项封中，使一个个标准的构件搭接装配成三维可视模型，从而大大提高了设计者的工作效率。

为最大程度地发挥装配式住宅的设计特点，研究、设计、开发模数化、标准化的 PC 构件，再对各类 PC 构件进行设计组合形成标准化的建筑户型，最终将各种标准化的PC构件搭建形成标准的单个建筑户型，形成预制装配式建筑户型库。从建筑户型库中任意抽取几个标准的建筑户型，排列组合就可以得到不同的建筑，如足够的时间、精力和资金的投入，可以将不同建筑户型排列组合的规划和管理，进而形成庞大的建筑模型库。这就大大提高了设计者的设计效率，就需从建筑户型库巧挑选满足业主要求的建筑户型，将送些需要的建筑户型进行合理的设计装配，就形成了精致的建筑。甚至，设计人员只需要在建筑模型库中选用合适的建筑就能满足设计和业主的要求。研究设计的预制装配式建筑户型，使建筑户型标准化、丰富化、多样化、灵活多变，既能满足业主的需要，有大大节省了设计者的时间，从而实现了预制装配式建筑带来的双赢。

三、建立构件库、建筑户型库

目前，自学习了Autodesk Revit Structure以后，我们了解到族是Revit使用中一个功能强大的概念，可根据族创建者的设计，定义每个类型不同的尺寸、形状、材质宽度值或其他参数变量。

Revit中族分为可载入族、系统族和内建族。其中可载入族又称为构件族，它包括结构框架（梁）、结构柱、口、窗等构件。构件族文件是独立的文件，可以独立编辑并可以在不同项目中重复使用。在计算机上安装速博REX扩展插件后，按本文的设计思路，可以在相应的族样板文件.rft中建立模数化、标准化的PC构件（如图6-19梁、图6-20柱所示），形成可利用的PC构件族库，保存为.ifa的文件不仅可以作为构件详图设计为构件的工厂化生产提供详图图纸，还可以在任何一个项目需要的时候作为可载入族载入到项目设计中，这大大提高了住宅产业化PC结构设计的效率。

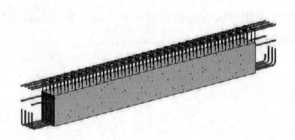

图6-19 预制梁构件族三维图示

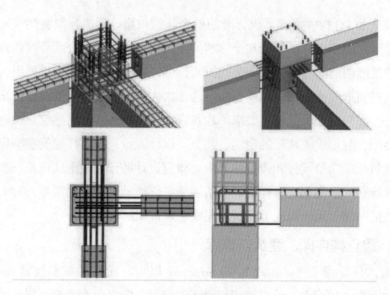

图 6-20　预制柱构件族三维图示

　　系统族是在 Revit 中预定义的，不能从外部加载，只能在项目中进行设置和修改，如墙体、屋顶、楼板、楼梯等都是系统族。住宅产业化 PC 中所需的预制外墙、楼梯等构件不能直接利用族样板文件创建族库，只能通过打开一个项目文件. rvt 后，在项目中依照模数化、标准化设计预制构件（如图 6-21 外墙所示）并保存为. rvt 项目文件，形成构件系统族库。这种在项目文件中设计的预制构件可以形成构件详图库，为工厂化生产构件提供了详图设计，但在一个项目的设计中，不能像保存为. ifa 文件的可载入构件族那样可以随时直接载入到项目中。

　　由于建立的的系统族构件库只能作为. rvt 打开但不能载入到其他项目文件中，笔者提出软件开发商应抓住大好机会进行二次开发研究，使得墙、板、楼梯等系统族构件，按标准化、模数化创建出可载入项目使用的族文件形式，这样便大大地提高了结构设计的效率。

图 6-21　预制外墙构件三维图示

（一）建立构件库

以预制矩形混凝土柱为例，在 Revit 中，说明制作族的标准（族制作具体步骤讲解省略），并进行族库的管理。

首先，选择族样板，对结构结构柱族规划，例如，选择族插入点（原点），将矩形柱的中心也设置为原点，且在"族类型族参数"中定义族类型。

其次，正确选择族类别为结构柱，对矩形混凝土结构柱族进行命名，按照"族类别—制造商—描述词"对族进行命名，我们可以将横截面 $300 \times 500mm$ 的矩形柱命名为"结构柱—×××—矩形混凝土柱 $300 \times 500mm$"。

再次，根据族的制作规范，合理添加参照平面对其命名"是参照""非参照""弱参照"等，然后把所创述的实化参照平面进行尺寸标注并锁定，在族的"类型属性"中添加"宽度""长度"参数标签进行关联，这样柱子的截面尺寸就成为参数化的截面尺寸。例如更改宽度值，柱截面的宽度值将随之变化。

最后，将构件（结构柱）的制造商、成本、URL 等信息添加进去。进而，对族在平、立、剖面中的显示及粗细、中等、精细模式下的显示设置。至此，我们可以得到所创建的参数化的结构柱族，用同样的方法可以创建所需要的不同截面的结构柱族为项目所用，以便保存形成结构柱的产品库。

（二）建立建筑户型库

研究预制装配式建筑就是要逐步形成具有较强技术集成和构建部品的标准化、模数化设计、系列化开发、集约化生产、配套化供应的能为，形成具有符合建筑设计、科研、开发、构件部品、建造一体化的组织模式和产业化生产方式。

设计、建立、管理建筑户型库可以推动建筑产业化向高端化、高质化、高新化、标准化、规模化发展。

以沈阳市现代产业化公租房设计为例简单说明建立建筑户型使其形成标准化的建筑户型库，最终可排列组合建立标准化的建筑模型库。

沈阳市现代产业化公租房设计应具有可实施性，并同时体现在以下几个方面：第一，应体现绿色概念，包括以人为本、配套健全、低碳环保、节能省地、坚固耐用、环境优良的宜居社区。第二，平衡的原则，既要优质，又要控制成本，既要增加配置，又要避免浪费。第三，功能的合理性和适应产业化的特征，积极推广成熟、先进的技术，积极推进住宅产业现代化，倡导工业化生产方式。第四，倡导精细化设计，推进产业化发展。第五，采用灵活多变的结构形式，适应未来的发展。总结住宅产业化的需求与特点，我们制定了一套模数体系，从而使设计更加规整、更具依据，并适合工业化。根据人体活动尺度及产业化构件的特点，最终以 600mm 作为设计的基本模数来建构体系。

四、待解决问题

（一）Revit中系统族问题

Revit 中墙、楼板、天花板是系统族，只能在项目中进行创建、修改族类型、编辑轮廓等，但不能作为外部族文件载入或创建。因此，不能以创建外部构件族的方法创建预制墙体族（rfa.），形成预制墙体库。相反只能在项目中创建所需要的预制墙体，并保存为项目文件格式 rft.，可生成最终交付工厂生产的构件详图。创建一个新项目，如要使用创建好的预制墙体，可以用"链接 Revit"将此墙体链接进项目当中，只有将刚链接的文件"绑定链接"且"解组"后才可以对此墙体进行编辑，而这个操作会使项目内存大大增加，影响文件运行速度，降低工作效率。

（二）Revit Structure与Tekla Structure比较

以上章节提到PC建筑对精细化要求比较高，建筑模型和水化模型采用RevitArchitecture和Revit MEP建模但在预制装配式建筑结构设计中，Revit Structure在构件的深化设计不能够很好地进行细部表达（如在Extention中不能为复杂异型截面柱添加钢筋），往往采用Tekla Structure建立模型。Tekla Structure具有预制混凝土专项模块，比较适合预制装配式混凝土建筑，同时它包含参数化节点，方便建模配筋，大大提高建模效率。梁柱节点示意如图6-22所示。

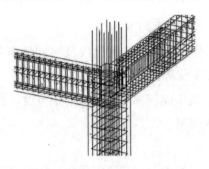

图 6-22　梁柱节点

第三节　BIM 实体配筋及其与平法施工图融合研究

一、平法理念表达钢筋信息的优缺点分析

平法表示方法与传统的那种将构件（柱、剪力墙、梁）从结构平面设计图中索引出来，再逐个绘制模板详图和配筋详图的烦琐方法相比，有以下优缺点：

（一）平法表达配筋信息的优点

1. 图纸量大大缩减，减少了资源浪费，达到环保经济的效果。

2. 配筋信息较为集中，绘图工作量较少。

3. 施工图文档的评审与交流较为方便。

4. 图纸纸面整洁，条理清晰，易于理解设计意图及细部构造。

（二）平法表达配筋信息的缺点

1. 平法的平面表达不够直观，需要极大程度地发挥人脑的想象力翻译三维化的视觉效果。

2. 由于不具有三维可视化效果，因此不能直接用于指导施工。

3. 由于需要用一张平面图表达所有的信息，其信息量大，因此错误较多，且不能够及时发现，导致施工时反复的设计变更，且修改起来需要逐图修改，工作量大，降低了设计效率。

4. 各图纸之间缺乏关联性，逐图修改会延长设计周期等。

二、BIM 表达钢筋信息的优势及障碍分析

（一）BIM表达配筋信息的优势

基于 BIM 技术的三维可视化、参数化以及协同性等特点，相较平法而言，BIM 技术表达钢筋具有以下优势：

1.强大的三维可视化效果能使参与者直观的了解设计意图。

2.设计交底变得更加容易。

3.可以直接指导施工。

4.表达钢筋的信息与三维中的钢筋紧密关联，能实现联动性修改。

5.BIM 中的钢筋信息可以用来交互分析，也可以随时提取。

6.通过共享参数或项目参数建立钢筋信息与图纸之间的关联性，大大缩短了传统意义上——绘制施工图的时间。

7.基于参数化钢筋信息标注的设计方式可以实现实时的方案比选和配筋优化等优势。

BIM 中的平法除了以上的优点外，还应该具备以下三个方面的功能才能充分发挥其参数化、关联性以及三维可视化的优势：

1.BIM 中的平法注释符号不仅仅是实体的抽象代号或孤立的注释文本，而是包含了进一步深化这些实体所需要的数值化信息，这些信息可以提取、交换和分析。

2.设计师进行的平法标注是参数化设计过程。设计师可以快速浏览各种设计信息，通过调整和修改参数可以实时进行方案比选和配筋优化。

3.BIM 中的平法注释符号与 BIM 中心模型具有链接关系，因此可以与 BIM 中心模型互动。设计师在工作集中对构件的修改（如修改材质、材质类型等）可以立刻传递到平法图中，平法图上对应的注释符号包括位置和所有的数值化信息，均可自动实时更新。

（二）现阶段国内BIM表达施工图技术扩展的障碍分析

虽然相较传统的平法施工图表达理念 BIM 技术优势明显，但是由于受种种条件或环境的限制使得 BIM 技术难以大规模开展，主要存在以下几个方面的障碍：

1.目前国内采用的 BIM 软件都来自国外，因此诸多功能不能完美契合国内

标准及规范。

2. 即使大多 BIM 软件有对外开放的数据接口，但当和国内大多数第三方软件对接的时候却存在很多的问题，比如钢筋信息的丢失等问题，因此 BIM 软件的国内化问题亟待解决。

3. 需要开发更多的族来实现 BIM 中的平法，并形成标准、规范，这就需要一定的过渡期等。

三、平法与 BIM 实体配筋技术融合的可行性分析

所谓平法即平面表达钢筋信息的一种方法，平法施工图的绘制作为结构设计的最后一个环节其重要性不言而喻，与传统的那种将构件（柱、剪力墙、梁）从结构平面设计图中索引出来，再逐个绘制模板详图和配筋详图的烦琐方法相比，平法是把结构构件的尺寸和配筋等，按照平面整体表示方法的制图规则，整体直接地表示在各类构件的结构布置平面图上，再与标准构造详图，结合成一套新型完整的结构设计表示方法。相较传统的方法其效率、整体性以及直观性提高了不少，然而改进的平法表达仍然是一种抽象的符号表达，施工阶段需要施工技术人员将这种抽象的符号表达翻译成三维的立体表达，很大程度上需要参与者发挥空间思维。

基于 BIM 技术的结构设计方法对于钢筋的表达是建立在三维空间的基础上的，通过配筋信息和三维钢筋模型建立的联动性实现了钢筋的智能化表达，使得参与者能够直观地了解钢筋的三维构造信息，BIM 中钢筋三维模型建立的同时自动在软件中生成钢筋信息的报表，因此基于 BIM 技术智能化、参数化以及三维可视化的特性能够实现联动性修改、提前发现错误并进行变更，这在很大程度上减少后期的返工。

第四节　基于 Autodesk Revit Structure
结构施工图平法表示

BIM 技术最初在美国和欧洲应用，它在建筑工程领域的应用解决方案均是针对美国和欧洲的用户。BIM 软件工具的数据接口及工程文档的表达方式均采用欧美国家的标准和传统习惯。这些国家和地区关于结构施工图的表达方式不同于

中国现行的"平面表示法"，因而 BIM 理念下的结构施工图与我国现行的平法理念——平面表示法不相符合，不能满足结构工程师的需求。我国尚未出台 BIM 标准，平面表示法在未来几年甚至几十年仍然是结构工程师进行结构施工图设计的主要方法。那么，在 BIM 时代探索 BIM 软件工具下结构施工图平面表示法对中国用户势在必行。

本节就现有的 BIM 技术工具平台 Autodesk Revit Structure，采用在平法抽象符号或注释块中添加参数变量的技术手段，在平法注释符号与 BIM 基础模型信息间建立内在的联系，并提出创建注释标记符号族的方法，在 BIM 模型中自动生成的平面图依旧使用平面表示法实现结构施工图。

一、平面整体表示法与 BIM 中结构施工图表示方法

（一）建筑结构施工图平面整体设计方法

建筑结构施工图平面整体设计方法，即行业内所说的平法表示法，是我国目前混凝土结构施工图设计的表示方法。概括来讲，平法的表达形式是把结构构件的尺寸和配筋等，按照平面整体表示方法制图规则，整体直接表达在各类构件的结构平面布置图上，再与标准构造详图配合，即构成一套新型完整的结构设计图。改变了传统的那种将构件从结构平面布置图中索引出来，再逐个绘制配筋详图的烦琐方法，它的推广应用是我国结构施工图表示方法的一次重大改革。

结构施工图平法的核心也是表达钢筋信息，在平面布置图上有平面注写方式、列表注写方式和截面注写方式三种，一般以平面注写方式为主，列表注写方式和截面注写方式为辅。平法的设计依据是现行有关的建筑结构设计国家规范及规程，平法适用于各种混凝土结构的柱、剪力墙、梁、板、基础及楼梯等构件的结构施工图的设计。

（二）BIM 指导下结构施工图表示方法

最早应用 BIM 技术理念的是欧美国家，在建筑工程领域应用 BIM 技术的解决方案均是针对欧美国家的用户，BIM 软件工具数据接口和工程二维文档的表达方式均采用欧美国家的习惯和标准。欧美国家一般采用直观的详图表示结构施工图，但也采用一些抽象符号作为工程表达语言说明结构设计者的思想，从而提高设计工作人员设计绘图的工作效率。BIM 技术应用中，钢筋混凝土结构的钢筋采用 3D 实体建立模型，提交剖面详图作为施工图文档。

钢筋混凝土结构中钢筋以 3D 实体详图表达，其主要优点有以下几点：

1. 钢筋在结构模型中立体可视，在平、剖面及三维视图中均可见，表达清晰直观；

2. 钢筋尺寸表达清晰，钢筋定位准确，可以用来指导现场施工；

3. 对复杂构件的配筋节点进行钢筋碰撞检测校对，减少返工；

4. 直接进行钢筋算量，统计钢筋明细表，方便快捷。

钢筋混凝土结构 3D 实体详图表达钢筋的缺点：

1. 各个实体钢筋进行 BIM 建模工作量非常大；

2. BIM 模型文件大，影响建模工具软件（如 Revit）的运行速度；

3. 纸面复杂，图纸量大。

二、基于 Autodesk Revit Structure 结构施工图平法表示

目前，中国的结构工程师常用的结构计算软件是 PKPM，它将结构模型信息与结构施工图平法联系在一起，能够承担结构分析计算并能够输出结构平法施工图。但是，PKPM 目前的解决方案还不能实现双向连接。在多数的 BIM 论坛中，很多网友也讨论 PKPM 系列是不是 BIM 软件之一，在各专业间的数据交换和设计协调上，PKPM 提供了很多解决方案。但中国的结构工程师为什么没有采用 PKPM 进行专业间协同及专业的数据共享，而只使用它做结构分析和设计截面。这其中的原因是显而易见的，虽然 PKPM 的构件信息是参数化的，但这些参数却是固定的，其他人不能为其补充或修改信息，因为它的数据接口是非开放的，这与 BIM 模型的信息数据是完全开放的技术理念不一致。导致 PKPM 只能部分解决方案，可以实现与 BIM 技术软件链接的第三方的分析软件，但仍不属于 BIM 技术平台工具。

BIM 技术设计应用中使用最广泛的建模工具 Autodesk Revit Structure 是为 BIM 而设计的结构设计软件。为了适应中国用户的设计出图习惯，欧特克公司旗下的速博公司（以下简称 SUB）已经开始着手将中国的平面表示法理念融入从欧美引进的 BIM 技术中。主要是利用二维详图线和共享参数在平面表示法中的注释标记符号和标注文本文字与三维 BIM 结构模型间建立内在的联系。SUB 提出的思想表明在 BIM 技术中应用平法表示法是可以实现的。经应用体验者实践证明，SUB 提供的解决方案有一定的可行性，也就是说在现行的 BIM 软件（Revit）中能够实现符合中国用户习惯的结构施工图平面表示法，事实上在实际应用中它

的可操作性差，有待于进一步提高和完善。要想使 BIM 技术与结构施工图平法理念更加融合，需要更多业内人士在学习应用中提供更好更可行的解决方案来共同努力推广应用。

三、在 Autodesk Revit Structure 中实现平法标记

（一）钢筋符号表示法

在钢筋混凝土结构中，钢筋的符号表达非常重要，目前，Autodesk Revit Structure 仅使用 Microsoft Windows 字体库，尚不支持 .shx 等字体库的显示。在表达钢筋信息时，字体不支持 HPB300（A）、HRB335（B）、HRB400（C）、HRB500（D）等钢筋符号的显示与输入为软件安装钢筋符号字体库文件 Revit-CHSRebar.ttf，字体名称为 Revit。

在 Revit 中，所使用的文字编辑字体为"Revit"的情况下，在键盘上输入"Y"代表"A"，"%"代表"B"，"&"代表"C"，"#"代表"D"。这样，在 Revit 中就能够表达符合中国建筑工程习惯的钢筋符号表示，例如，在 Revit 下输入"#10@150"就表示"D10@150"，即直径为 10mm 的 HRB500 钢筋分部间距为 150mm。

（二）Revit 中结构柱的平法表达

下边以结构柱为例说明其在 Revit 中的平法表达：

1. 创建共享参数

在 Revit 中，点击管理选项卡下的"共享参数"命令，将平法结构柱标记时所需要标记的参数名称，如柱编号、截面尺寸（b × h）、箍筋类型及分布、纵筋直径及间距等参数信息添加为共享参数，系统将自动创建一个 txt. 格式的共享参数文档。新建或打开一个项目，在"管理"选项卡下选择"共享参数"命令，在自动弹出的对话框中打开并编辑"编辑共享参数"对话框，创建一个共享参数文件为其命名——"平法共享信息"，新建一个"结构参数"参数组，新建"结构柱编号"、结构柱截面宽度"b"、结构柱截面高度"h"、"纵筋类型及分布""箍筋类型及分布"等，完成共享参数的创建。

2. 通过项目参数添加柱的实例属性

单击"管理"选项卡，打开"项目参数"对话框，点击"添加"按钮，选择"共享参数"，点击"选择"从之前创建的共享参数中选择"结构柱编号"、结构柱

截面宽度"b"、结构柱截面高度"h"等添加为项目参数。点击项目任意中结构柱，查看其属性栏，可以发现结构柱参数信息已被添加到了项目中。

3. 创建结构柱集中标记注释族

点击工作截面左上角"新建"命令、选择"族"选项，再次选择"常规注释.rfa"族样板文件，并将该注释族的"族类别"修改为"结构柱标记"。单击"标签"，在属性栏里将字体格式设置为 Revit 字体，并选择适当的字体大小。在绘图工作区适当位置单击，弹出"编辑标签"对话框，单击左下角"添加参数"按钮，弹出"参数属性"对话框，在"选择"按钮下打开创建的共享参数对话框，选择"结构柱参数"参数组，选择"柱编号"、结构柱截面宽度"b"、结构柱截面高度"h"等参数，并将这些参数添加为标签中所需要的参数。

4. 设置结构柱参数

在项目中选中需要标记的结构柱，在左边属性栏里可以看到通过以上步骤给结构柱添加的项目参数，如"类型名称"、"纵筋等级"、"箍筋等级"、"b"、"h"、"箍筋直径"、"箍筋直径"、"箍筋间距"等参数类型，其后为这些参数赋值，它就标示结构柱的信息参数。然后用"按类别标记"命令标记次结构柱，集中标记注释族的内容将显示为结构柱添加的参数信息，此时便完成结构柱的注释标记。当然以上所介绍为结构柱添加注释记号考虑的是结构柱的全部级筋相同的情况，实际上，当 b 边和 h 边钢筋信息不同时，需要为项目创建"b 边中部钢筋""h 边中部钢筋"等原位标记。原位标记的创建方法同上，此处不再做讲解。在结构施工图中，并不是所有的结构柱都需要标注钢筋信息，同编号的结构柱仅标注一次就满足要求，对于其他柱只需要用柱编号注释标记便可，所以也需要为项目创建"柱编号"注释标记族。也可以通过在一个族文件当中创建多个标签，并赋予它们分属于不同的族类型，并通过其可见性参数控制每个标签的显示。

四、在结构平面图中为结构柱添加注释标记方法

打开需要添加结构柱注释标记的项目，按之前的做法，在项目中将结构柱的共享参数添加为项目参数，此时查看结构柱的属性，可以发现这些结构柱的共享参数已被添加到结构柱的属性栏。

选中相同编号的结构柱，在结构柱属性栏中为这些同类型的结构柱的参数赋值。如为"柱编号"赋值"KZ1"，"b"赋值"300"，"h"赋值"500"等。按照此方法，将所有结构柱的参数赋值，以便结构柱注释标记族中标签的内容识别结

构柱的参数信息，正确标记结构柱。将以上介绍的注释标记族载入到项目中，切换视图到结构平面视图，首先，在注释选项卡中选择"按类别标记"命令，为不同类型编号的柱子（全部纵筋相同）添加"集中注释标记"，方法为选中结构柱单击即可。然后，在注释选项卡中选择"全部标记"，弹出的"标记所有未标记的对象"对话框中出现已载入的所有注释标记族，选择结构柱标记下的"结构柱编号"注释标记族，点击确定后，除已用"集中注释标记"标记过的结构柱外，所有结构柱都已被"结构柱编号"标记。最后，如果项目中有结构柱中 b 边和 h 边钢筋信息不同，则单独用"按类别标记"将其用"b 边中部钢筋""h 边中部钢筋"原位标记标出。至此，就完成了平面图中结构柱的平法表达。对于结构跨架梁、楼板、楼梯等，其结构施工图平法表达方法与结构柱的平法表达方法基本相同，可以参考结构柱的平法表达法，其中梁的注释标记可以参考使用 Revit 的自带功能"梁注释"，更加快捷方便地为结构框架梁添加注释标记。

第七章 基于 BIM 技术的应用

第一节　浅谈 BIM 技术与施工测量的关系

目前，国内大力推进 BIM（建筑信息模型）技术发展，在业内也出现了研究与应用的热潮，政府部门和行业主管部门也高度关注 BIM 技术的价值和成效。目前，我国的软件设计公司还没有将 BIM 技术软件用于商业化，这就给国外的软件厂商提供了机会，当然软件还停留在建立三维模型的阶段，还没有完全发展到全面实施到专业设计，当然这个主要问题是相关专业软件的配套不齐全与专业设计规范的不确定性。

基于 BIM 技术、方法的应用阶段的建设、标准和软件的深入研究，根据我国施工测量管理的特点和实际需求，科学优化施工 BIM 应用的技术架构，系统的方法和对策，并结合 BIM 和 4D 的施工测量技术，提出了 BIM 建模系统建设基于 BIM 4D 施工测量的理论，形成了一套整体的实施计划工程施工测量的 BIM 应用理论，为施工测量基于 BIM 的信息化建设奠定了基础。

一、BIM 技术建模要点

结合桥梁施工的特点，利用 Revit Architecture 建立全桥模型，对族模型进行参数化设计。文章研究的桥梁不仅处在半径为 4500 平曲线上，而且还处在竖曲线上。通过研究发现 Revit Architecture "族的方法"具有强大的参数功能，可以控制桥梁复杂的线性。Revit Architecture "族的方法"主要是通过控制参数进而达到控制建（构）筑视觉形体表达的一种方法，根据设计图纸定义桥梁每一部分的参数生成真实的三维桥梁个体，建筑师、设计师就可以随意修改其中某一个参数变量，它所对应的三维数据形体也随之自动地发生相应的变化，进而为设计师改变设计、变化形体提供了简单的途径。参数化的模型对于设计师生成规律、复杂的建（构）筑的形体显得尤为重要。这种"族的方法"建立多种形式建（构）筑形体用参数来控制的优势在于"族的方法"中参数的创建、参数的变更、参数的延续以及族模型的建立等操作简单、方便；族使用的语言学习、使用，相对于 java 与

C++ 语言需要编写脚本来说就更加容易；并且"族的方法"操作方式与界面也简单明了。正是因为如此，设计师、建模师能在短时间内熟练掌握操作方式并加以运用。

在利用传统二维软件对桥梁族模型建立过程中，对三维立体形状的控制仍然存在许多难以解决的问题，而三维 BIM 建模软件可以有效地控制桥梁的形状和桥梁的线性组合。BIM 技术建立的模型更加形象、直观、实用，满足对复杂线性的要求。

二、BIM 技术在施工测量中应用

BIM 技术建立的三维模型在施工中扮演图纸的角色，可以完全替代图纸，使得施工测量变得简单形象。在传统的施工测量中我们通过计算得到特征点的三维信息，而 BIM 模型可以形象地提取任意点的三维信息，提高工作效率，节省工期，下面就 BIM 技术在桥梁施工测量中每个阶段扮演的角色给予说明：

（一）规划阶段桥梁工程的应用

通过 BIM 技术对测量设计方案进行三维立体参数化建模，参数的传递将设计方案形象地展现给投资方，根据参数化的三维 BIM 模型科学规划测量方案，给投资方提供更加科学的测量方案。参数化的模型完善、变化，可以为施工组织单位提供完善的测量施工方案。

（二）设计阶段桥梁工程的应用

在桥梁建设期间，施工单位主要依赖二维图纸，工作烦琐，而且对施工组织人员识图能力有很高的要求。从现实测量数据到模型的参数，可以更加方便地改变施工方案共同完成、优化设计方案，同时三维 BIM 模型建立的平台系统为设计院、业主与施工方提供了一个互动式的平台。BIM 建模技术在桥梁设计阶段具有很多优点：管理材料、设计核算、数据结构优化、每个剖面图纸的扩展输出、参数控制模型与材料输出等功能。

（三）施工测量阶段桥梁工程的应用

本书以连续箱梁主墩承台、墩身、梁部及转体施工为例，建立三维信息模型。

根据规划阶段与设计阶段利用 BIM 技术建立三维信息模型提取控制点的三维坐标，指导现场施工步骤如下：

1. 建立施工测量控制网。在主桥墩的桥面上的中轴线上布设平面控制网。根据桥梁周围的高级高程控制点，利用仪器引到桥墩，进而对各个块进行引测，然后对引测的点进行联测和复测，把引测与复测的基准点作为高程控制点。

2. 测量基准点布设方式。在连续箱梁的上布设三个测量基准点，分别设在连续梁横轴方向的中心线的交汇处、腹板的中心线上和桥梁中轴线上。在每个需要现浇的块段布置几个测量基准点，布置在块段距离腹板中心线前端 10cm 处。

3. 连续梁中轴线的线控方式。中心控制点与控制各边墩悬臂段线控制点的使用，在每个悬臂段的中心审查前几段位移完成，检查和释放后浇段线正确，密切监测线路变化每段中线变化情况。

4. 连续梁标高的控制方式。在悬臂浇筑混凝土，模板标高控制中心，混凝土浇筑在每一段中线端和翼缘设置高程控制点，并在混凝土浇筑后，拉伸前后的标高检查验证设计预拱度的高程设置。连续梁现浇各节段立模高程的公式：

$Hi = H0 + fi + fy + fg + fz$

Hi——现浇连续梁节段前端点挂篮底模高程；

$H0$——模型提取设计高程；

fi——各个节段现浇与施工节段对挠度的对该点影响值；

fy——各个节段现浇与施工节段对挠纵向预应力束张拉后对该点影响值；

fg——各个节段现浇与施工节段挂篮变形对该施工段的影响值。

fz——由于突变、冷热、荷载、参数转变等影响产生的挠度计算值经计算得出模板立模标高，指导现场施工。

通过分析发现 BIM 技术与施工测量是相辅相成、互相影响的。BIM 模型需要通过施工测量实现线性控制，施工测量需要 BIM 技术作为指导，BIM 技术指导施工放样，大大降低工作量，避免资源浪费，而且 BIM 技术为施工提供强大的三维可视效果，能更加准确地控制测量误差，使施工测量发挥更大的作用。

第二节 基于 BIM 的施工过程减排技术研究

建筑行业是高产值、高能耗产业，对建筑进行碳排放计量和节能减排意义深远，也是当前建设管理领域研究的热点。研究表明，2%~37% 的传统建筑生命周期能耗来自建筑的原材料制造、运输和施工活动，并且在一些现代节能建筑中，这一比例更高，达到 9%~46%。从全生命期的角度来看，我国普通住宅的建设周期一般仅为 2~3 年，而使用阶段则长达 70 年，因此建设阶段产生的碳排放比使用阶段产生的碳排放在短时间内更集中、排放强度更大。结合目前我国的在建工程量，将产生很大的环境影响累加强度。

BIM(Building Information Modeling) 技术作为当前建筑可视化管理的最优手段，在绿色建筑的性能分析领域中已得到的大量应用，而针对施工过程节能减排控制的应用尚未引起足够的重视。然而，BIM 模型作为参数化建模的信息载体，包含了大量的建筑设计相关信息，而且支持施工过程信息的加载，对施工过程节材控制和统计、施工工艺过程能源消耗和碳排放计量具有强大的数据支撑作用，并提供可视化操作平台。为此本文以建筑施工过程为研究对象，以保障施工过程的低碳排为研究目标，引入 BIM 技术，为施工过程低碳目标的实现提供技术支持。

一、基于 BIM 的施工减排技术体系构建

本文认为，低碳施工除了包涵绿色建筑的"节约"，除了满足绿色施工的基本要求外，减少碳排放进行低碳作业也至关重要。施工过程碳排放的主要来源为材料生产和运输碳排放以及施工现场作业碳排放，因此，施工碳排放的管控首先应从建筑的材料和施工作业机械设备入手，对其进行控制和优化，确保直接碳排放的降低。此外，在构建低碳节能的施工方案基础上，为了保障低碳方案的顺利进行，还应在施工前对施工的可行性、安全性等进行深入分析，彻底规避施工过程中的返工等资源浪费现象，也是间接降低能源损耗和碳排放的表现。BIM 技术具有提升创新、设计和施工效率的潜力，能极大促进建筑业节能减排的发展。本

文构建基于 BIM 的建筑施工低碳管理体系，如图 7-1 所示。

1. 数据源主要来自 Revit 系列软件创建的 BIM 模型，Extend Sim 等过程模拟软件以及 Ansys 有限元分析软件等，给建模提供所需的基础建筑信息、进度时间信息、结构性能信息等。

2. 模型层是在 BIM 综合施工模型的基础上，根据施工阶段的具体使用需要生成的信息模型，如采用前文所述的离散事件模拟中各机械设备运行的仿真结果，同 BIM 3D 模型进行有效集成，可快速精确地测算动态施工过程的碳排放值，对复杂的 3D 模型和项目信息提供动态连续的可视化审阅。

3. 应用层主要包括基于 BIM 的低碳排放模拟优化、碳排放跟踪测算、节材管理和评价、结构性能分析和碰撞检查等，即充分利用 Navisworks 的 3D 资源统计、4D 施工模拟来进行施工阶段机械材料等资源的统计和碳排放的实时测算，以及利用碰撞检测、力学分析、方案优化等功能保障低碳方案的顺利进行。

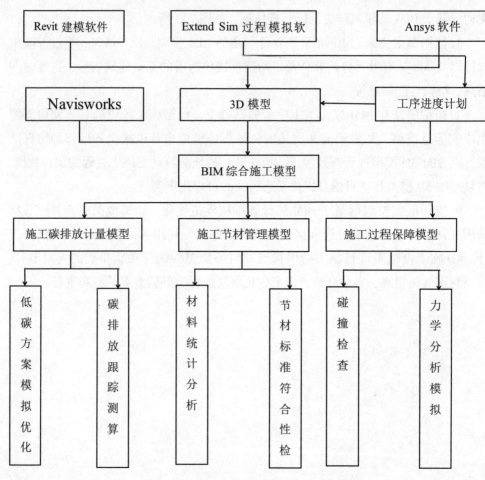

图 7-1 基于 BIM 的施工减排技术体系

二、基于 BIM 的施工碳排放计量

在当前碳排放评价方法中,一般从较为宏观的角度去评价建设工程全寿命期的碳排放,普遍采用生命周期评价方法(Life Cycle Assessment, 简称 LCA),然而 LCA 是一种相对静态的评价方法,它是根据机械的整体台班量计算碳排放的,而在实际施工过程中,由于机械设备之间存在搭接和配合的问题,其工作时间中包含了正常操作时间、待工时间,甚至有不可避免的停工等损失扰动时间。操作时间和待工时间中所消耗的能源量并不相同,而传统 LCA 评价方法忽略了这些无作为时间,无法准确评估施工过程碳排放值。如若进行现场真实实验实测,给每辆施工机械安装油量监测设备则要花费很高的设备购置和检测成本。

　　基于系统仿真理论，离散事件仿真模拟可以用来定量分析和模拟真实施工过程，将建设活动分解成为独立的离散事件，对其进行离散事件仿真模拟，不仅反映了各个施工的动作，以及各个动作之间的衔接、工作流向、工作时间、排队等待等因素，可得到更为准确的机械使用效率，以及施工实际操作时间和总工期，而且通过输入各因素的碳排放因子就可得到准确的碳排放输出量。

（一）离散施工行为可视化建模

　　建筑行业工艺过程复杂，建筑构件类型多样，形态千变万化，用简单的平面图形难以完整反映施工过程，因此，将目前最能直观反应建筑实物的 BIM 技术引入传统的仿真分析系统具有很大的工程实际意义。

　　本文基于 BIM 技术进行施工过程可视化仿真是通过有效集成 BIM 可视化建模技术和仿真建模技术，采用 3D 图像方式进行仿真计算过程的跟踪、驾驭和结果的后处理，同时实现仿真过程的可视化，具有迅速、高效、直观的建模特点。

　　实现可视化仿真，即需实现三个重要环节的可视化：仿真前端可视化、仿真过程可视化和仿真结果可视化，其核心是仿真过程可视化。

　　将离散仿真模拟过程中的统计数据，如实时完成时间、等待时间、资源使用情况等数据导入 BIM 模型中，同时与模型中机械和建筑构件之间进行链接，建立 BIM 平台下施工工艺过程，该过程是实现 4D 模拟的基础。

　　本文进行施工过程动态可视化仿真平台的构建是将 BIM 可视化技术同传统的系统仿真技术进行有机结合，使用形象直观的 3D 模型描述仿真系统的动态行为特征，用更为生动的画面感表现了系统运行过程和错综复杂的多事件之间的相互关系，便于人们把握施工系统的整体演进，发现其内在规律。

（二）施工阶段碳排放测算

　　施工阶段碳排放测算体系框架如图 7-2 所示，根据该计算框架即可从 BIM 仿真平台上集成所需信息，进行碳排放的实时测算。

　　结合图中碳排放测算对数据的需求，应从建筑信息模型中抽取出建筑的四方面信息：材料信息、设备信息、施工信息和进度信息。材料信息中包含了材料选择、材料供应、材料的使用情况、运输距离等；设备信息包含了施工阶段设备选型、使用情况等；施工信息包含了工程所有的分部分项工程的施工工艺等信息；进度信息可通过离散仿真模拟导入的系统统计实时进度信息，并与 BIM 模型进行结合，实现 4D 可视化仿真效果。这四方面的信息考虑了建筑物施工阶段的碳排放来源，为建筑施工阶段碳排放量的动态测算提供有效数据。以此为基础，在系统内嵌入碳排放因子数据库，即可实现碳排放的实时仿真计算。

　　基于 BIM 的建筑物施工阶段碳排放测算可以为建筑物全寿命期碳排放测算提供一种动态的思路，除此之外，BIM 建模必将是未来建筑设计的发展趋势，基于 BIM 进行施工期的碳排放计算，也有利于施工方案的低碳优化，具有重要意义。

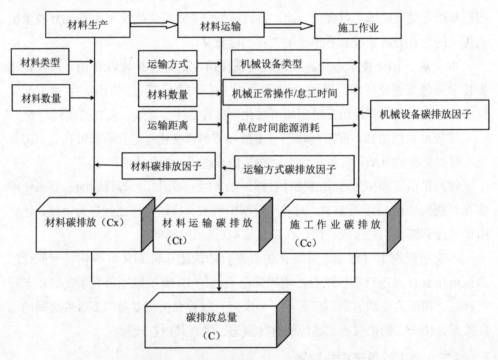

图 7-2　施工阶段碳排放测算体系框架

三、基于 BIM 的低碳施工节材控制

　　我国建筑材料的耗能已经占据建筑总耗能的 17%，其中钢材、木材和水泥等材料耗能量相当巨大，对我国生态环境破坏尤为严重。因此，我国在发展绿色建筑的同时，在各大标准和相关文件中都明确指出将节材作为建筑节能环保的一项重要考核指标。我国《绿色建筑评价标准》中对节材和材料资源利用已进行了详细的规定，针对该标准的控制要点，可充分利用 BIM 模型进行相关控制要点的统计分析，在测算材料碳排放的基础上进行标准的符合性检查判断，不仅节省了时

间，同时准确度也有很好的保证。基于 BIM 技术 Revit 平台进行建筑方案的设计，Revit 中所创建的 BIM 模型包含了丰富的建筑信息，包括构件的组成、材料种类、材料从加工地到施工现场的运输方式及运距、构件的使用年限、构件材料的回收比率情况、材料采购地等信息，并且在材料属性中标记是否为可再生能源或可循环材料。将工程量清单中相应的分部分项工程编码附加到 BIM 模型中每个构件属性后，就可以调用其属性进行各项构件和材料的统计分析。

建筑材料的类型、再生与循环利用率能够实现资源的充分利用，减少碳排放，降低末端处理的工序，减少生产新材料带来的能源消耗和碳排放。因此在现有绿色建筑的设计中对于建筑材料的运输距离、可循环材料等运用均进行了量级的规定。

1. 通过 BIM 模型的构建，可充分发挥信息化设计建模的优势，实现构件材料工程量的自动获取，并根据构件材料的编码，提取材料属性和工程量信息进行相关统计分析，如可循环材料使用率、可再生材料使用率、材料运距占比等结果。

2. 通过基于 BIM 的二次开发，在系统中内嵌相关标准值，当材料的输信息入后，系统将调取节材控制标准值，对所构建模型中的材料进行自动统计和评定，判断相关材料统计数据与标准限制的关系，实现自动的标准符合性检查。

3. 在模型中根据各类材料编码或名称可查询各类材料在建筑体中的分布、相关数量、运距等属性，直观表现节材控制要点和重点部位，并可根据需求在模型中更换材料种类，优选更为环保的可再生可循环材料，或优化建筑结构和部位，实现材料的节约。

四、实例分析

（一）模型构建

本文以某展馆钢结构桁架拼吊装施工过程为例，进行 BIM 技术支持下的 4D 仿真模拟。使用 BIM 技术构建项目基础模型，在输入本项目的建筑设计参数的同时，集成离散时间模拟后施工过程中的各种施工参数信息，如施工车辆的调度、车辆之间的协调工作、拼吊装的先后顺序等施工环节。与真实施工过程紧密联系，将项目中复空间立体关系通过 3D 动态可视化技术形象地展现出来；接着将离散仿真的各施工环节的时间参数与模型链接成 4D 施工模型，展示不同的进度安排，形成三维综合施工现场模型。在 Navisworks 平台上实现离散仿真模型与 BIM 模型的过程链接，并通过系统内部的编码体系，实现每个任务操作与模型中的钢结构构件和机械设备的一一对应，便于模拟过程中碳排放或成本的实施跟踪计算。

（二）动态施工碳排放分析

对于建筑物施工阶段而言，随着工程进度的推进，各项分部分项工程逐步展开，工程物资的投入不断增加，整体碳排放量也随着进度推进逐步增加，为了体现施工过程的动态碳排放量，系统集成 BIM 可视化模拟过程，并根据模拟过程中资源投入数据和内部数据库之间的联系进行数据运算，实现模拟过程中碳排放的跟踪模拟。

此外，根据实际情况，可对多种机械配置方案和材料配置方案进行仿真模拟，并进行对比分析，更好地为管理者提供决策支持。

（三）节材管理和评价

通过基于 BIM 的二次开发，在系统中内嵌相关标准值，当材料的信息输入后，系统将调取节材控制标准值，对所构建模型中的材料进行自动统计和评定，判断相关材料统计数据与标准限制的关系，实现自动的标准符合性检查。

在模型中根据各类材料编码或名称可查询各类材料在建筑体中的分布、相关数量、运距等属性，直观表现节材控制要点和重点部位，并可根据需求在模型中更换材料种类，优选更为环保的可再生可循环材料，或优化建筑结构和部位，实现材料的节约和最优化配置。

此外，在仿真模拟过程中发现项目施工过程中可能会出现的碰撞和冲突问题，并且通过可视化力学仿真，避免在实际施工过程中出现安全隐患，积极主动地对项目可能出现的问题进行事前控制，确保工程的有序完成，规避了不安全事故的发生，这些都在一定程度上减少了返工所造成的资源投入和能源消耗，确保了绿色施工的有效性和可行性，为实现绿色施工节能减排目标提供保障。

施工方案节能减排的效应最大化以及施工过程的顺利实施是在有效的施工方案指导下进行的。基于所建立的参数化的 BIM 3D 模型，集合离散模拟技术模拟和分析相关施工方案，包括对施工程序的模拟、机械设备的调用模拟、材料等资源的配置模拟等内容，不但可实现碳排放的动态检测和低碳方案分析，同时还可发现不合理的施工程序、设备冲突和路径不合理、材料等资源的不合理利用等问题，便于及时调整施工方案，解决相关问题，保障低能耗低排放的施工方案顺利进行，从而减少真实施工过程中的返工现象，达到节能减排的目的。

第三节　基于 BIM 技术的建筑施工优化设计

以往施工单位的各部门之间缺少有效的沟通合作，只是在每个阶段交接时才进行协同作业，主要的媒介是二维工程图纸和表格，难以保证信息通畅，对工作效率造成极大影响。现在一些结构工程越来越复杂，工程量庞大，涉及多专业内容，需要各专业各部门之间加强配合，保证建筑信息沟通顺畅。在此背景下，产生了三维建筑信息模型。三维建筑信息模型（Building Information Modeling，BIM）可以将建筑相关的流程进行重新整合，将建筑结构功能信息以及几何信息、建筑所用的材料和设备等有关的数据集成在一起，实现数据和信息之间的共享，对建筑施工过程进行一体化管理，从而提高建筑施工过程的整体质量，减少工程各环节存在的风险。因此，BIM 技术将有助于施工企业的招标、施工以及维护，对于施工企业提高效率、降低成本具有重要意义。

一、BIM 技术施工应用流程

根据 BIM 确定模型中各构件的尺寸要求，包括钢筋位置、构件截面大小、材质的强度等级以及产品信息等，设计制作施工阶段的实体模型和放样施工，施工单位采集制作构件施工的信息、竣工后的产品说明以及操作手册等方面的信息，完成各专业之间的碰撞检测、施工进度模拟等，其主要流程如图 7-3 所示。

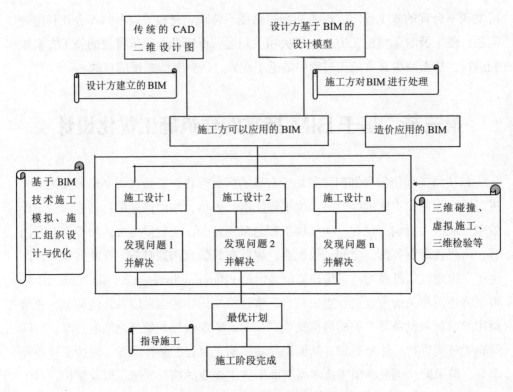

图7-3 基于施工BIM模型的施工管理实施过程

二、在施工阶段的应用

（一）虚拟施工

某地区建筑工程项目施工过程中，采用BIM技术模拟仿真施工，利用虚拟现实让设计人员和施工人员身临其境地进行论证和体验方案，详细把握施工环节每个工序的要点以及重点，对施工方案进行优化，保障施工安全和优质高效地施工。

（二）碰撞检查

采用BIM技术进行建筑设计，进入施工阶段时，为了更好地管理施工质量和控制进度成本，施工单位可利用设计阶段的数据信息创建施工模型，确保应用BIM技术时，施工数据和设计数据之间的准确传递，提高施工单位建立BIM施工模型的效率。

虽然设计阶段已经利用BIM进行了碰撞检查，但为了减少给排水管道、机电管线、设备安装之间的冲突问题，在施工阶段，有必要根据实际情况重新应用 BIM 进行碰撞检测，以便发现设计施工图中存在的遗漏以及错误问题，综合考虑施工方案以及结构设计偏差寻找对实际施工具有较大影响的碰撞点。

这样有利于减少返工和设计方面的变更，从而缩短施工工期，提高施工效率，在保障施工质量的前提下，还实现了降低成本、提高施工效益的目标。

（三）实现项目管理的优化

利用 BIM 可以强化施工数据管理，优化施工组织设计。例如，可以在 BIM 中直接添加施工电梯、塔吊以及提升脚手架等，通过 BIM 技术的碰撞检查，优化施工机械的空间布局和合适的配合关系，优化施工管理。同时，对于异形模板可以单独建模，计算其几何尺寸，提前加工，降低施工损耗。通过建模，设备管线的规格、尺寸以及数量可通过计算获得，预先进行加工，提高施工组织的效率。

（四）进度优化

施工进度管理对于建造单位而言具有至关重要的作用，优化进度是施工控制的重要环节。利用 BIM 技术能够保证施工进度和建筑工程构件之间的有效链接，借助三维动画以及网络图等形式可以直观地展现施工过程和进度安排，客户也可非常方便地了解施工过程。在 BIM 基础上，进一步综合考虑进度以及工程造价，则演变成 BIM 5D 技术，它可准确地预估施工工期，及时发现影响施工进度的因素，采取合理的措施，确保建筑工程项目按期保质完工。

（五）现场质量管理

在施工阶段，有些现场问题无法解决，若预先检查到发生问题的区域，然后进行修改和调整，可以有效地缩短工期和节约成本，通过 BIM 技术，与现场结果比较，可方便快捷地发现问题。因此，应用 BIM 技术极大地提高了施工现场的质量管理，只需把质量信息设置到 BIM 中，就可使各阶段存在的质量问题在模型中显现出来，对方案做出及时的修改和调整，可以保证现场质量达到最优化。

四、应用模糊评价法分析

建筑施工技术工作包括优化设计施工方案、设计与控制施工工艺以及监控施工过程等技术开发工作。建筑施工企业未实施 BIM 技术之前，主要通过安排大量的技术人员到现场监控施工过程，对于现场信息的收集与反馈通常采用手抄的方式记录施工过程并采用人工的方式传递相关信息，因此，现场信息的收集与传递速度慢，而且需要大量的人力与物力，提高了施工过程的监控成本。为了合理评估 BIM 技术在建筑施工企业的应用效果，将施工安全优良率、质量缺陷率以及工程师评语作为主要衡量指标，采用模糊数学分析法，将安全优良率、质量缺陷率以及工程师评语等指标边界不清、不易定量的因素定量化，对建筑施工应用 BIM 情况进行综合评价分析，从而确定应用 BIM 技术的重要性。选择建筑施工应用 BIM 技术之前和应用 BIM 技术之后两种情况作为研究对象，应用模糊综合评价法进行分析。

（一）确定建筑施工应用BIM情况的评价因素集

以安全优良率、质量缺陷率以及工程师评语为三个主要的考虑因素，即

U = { 安全优良率，质量缺陷率，工程师评语 }。

（二）确定因素的评价矩阵

按照建筑施工应用 BIM 情况评价因素集，通过四位专家对其应用情况进行评价。

（三）确定评价集

将建筑施工过程的评价等级划分为优、良、中、差四个等级。实施 BIM 之前的评价矩阵为：

$$R = \begin{pmatrix} 0 & 0 & 0 & 1 \\ 0 & 0 & 1 & 0 \\ 0 & 0 & 0 & 1 \end{pmatrix}.$$

实施 BIM 之后的评价矩阵为：

$$R = \begin{pmatrix} 0.3 & 0.7 & 0 & 0 \\ 1 & 0 & 0 & 0 \\ 0 & 0.3 & 0.7 & 0 \end{pmatrix}.$$

（四）确定评价因素间的权重

按照安全优良率、质量缺陷率以及工程师评语三个方面的因素在建筑施工过

程中的重要程度，采用不同权重。

A = { 安全优良率，质量缺陷率，工程师评语 } = {0.4，0.35，0.25}.

模糊综合评价分析

针对以上分析的两种情况，按照 B = A R，得出建筑施工实施 BIM 前后最终模糊综合评价结果（表7-1）。

表7-1　建筑施工实施BIM前后模糊综合评价结果

应用 BIM 情况	专家评价比例（%）			
	优	良	中	差
实施 BIM 之前	0	0	35	65
实施 BIM 之前	47	35.5	17.5	0

由表7-1可知，建筑施工实施BIM之后评价良好以上的达到82.5%，说明其占有绝对优势，这是因为建筑施工采用BIM技术之后，通过数码摄像方面的信息技术采集建筑施工现场的相关数据，可以实时控制施工的质量、安全、环境并确保文明施工。将BIM技术与互联网＋技术有机融合，可以远距离传输现场数据，与传统的数据传输方式相比，极大地提高了效率，确保了信息传递的准确性，采用BIM技术可以对建设项目进行柔性管理，因此建筑施工过程中需大力推广应用BIM技术。

BIM技术可以直观地表达建筑物的施工过程，施工技术人员可以详细地了解施工工序安排，在施工之前可进行碰撞检测，查找问题所在，及时对施工方案做出修改和调整，以便降低返工率，缩短工期，节约成本。同时，BIM技术的应用可以将管道、机电管线以及结构设计等转化为数字化信息，有效提高施工管理水平，控制施工风险。因此，施工企业要将BIM技术运用到建筑施工案例中，提高企业自身对建筑工程项目的质量管理水平。

第八章　应用案例

第一节 咸阳彩虹 CEC8.6 代线项目 BIM 应用

一、工程概况

中国电子"咸阳彩虹光电科技有限公司第 8.6 代 TFT—LCD 项目位于咸阳市高新区,地处咸阳城区西部、科技大道以北、高科三路以东,占地面积约 572400 平方米,项目分为三大功能区,ACF 厂房、OC 厂房、动力中心,总建筑面积 74 万平方米,相当于 92 个足球场大小,为国内规模最大的全钢结构电子工业厂房,总投资额 283 亿元人民币。其中 ACF 厂房、OC 厂房结构为钢结构。项目效果如图 8-1 所示。

图 8-1 咸阳 CEC 项目效果图

ACF 厂房、OC 厂房结构形式均为钢框架结构,柱子为钢管混凝土材料,梁为钢桁架(或钢梁),楼板为钢—混凝土组合楼板以及特殊工艺要求的华夫板。其中 ACF 房共 5 层,总高 42.47 米,长 479 米,宽 259.45 米;OC 厂房共 3 层,总高

31米，长249.6米，宽227.4米。本工程长、宽均超限，施工过程中结构受力复杂，受外界因素影响较大（特别是受温度影响最大）；钢结构体量大、工期紧，大小构件逾3万件，总用钢量逾13万吨，为北京"鸟巢"的3倍。总工期要求钢结构现场安装仅110天，平均日吊装量1600吨，多专业立体交叉作业，高峰期12000人现场施工，上百台大型起重吊装设备密集作业，日进出生产车辆400车次，安全风险高，其复杂性决定了实施BIM技术的必要性。ACF厂房、OC厂房的总体结构如图8-2所示。

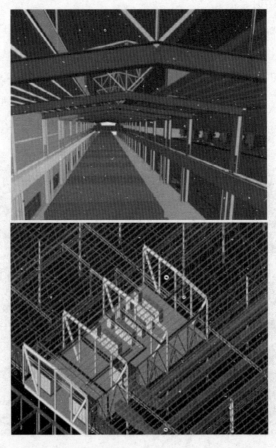

图8-2　ACF、OC厂房的结构示意图

二、工程重难点

1.体量超大、工期超短。钢结构总量13.5万吨，相当于10个咸阳机场T3航站楼用钢量（1万多吨）；相当于8个南京G108项目；相当于5个武汉天马项目。而钢结构主体工期仅为96天，焊丝消耗量巨大，现场焊接共需消耗焊丝总长4.06万千米，约绕赤道一圈。单日平均涂刷面积51288平方米，相当于7个标准足球场的面积。钢构件运输单车总运距5600×1100＝6160000千米，相当于地球到月球往返8次。

2. 安全防控难度大。垂直交叉作业面数量多，平面交叉作业面密集。

3. 大型机械集中作业数量多。吊装工作面多，每个吊装作业面都存在大量的超大超重构件。桁架高度近7米，最大桁架重量45吨；钢柱单根构件重量约21吨；各类大型机械总计126台。

4. 成品保护要求高。主结构吊装及桁架拼装时需要对地面筏板层进行保护；安装葡萄架时，需要对04层华夫板楼面进行保护；涂装施工时，需要对已完成楼地面进行保护。本厂房为超洁净厂房，地面筏板及华夫板均为一次施工成型，上部不再做其他面层，一旦在后续施工过程中造成损害或污染，轻则影响设备安装，重则影响产品质量。如果不做保护，后期进行修复或清理便极其困难，即便修复或清理，其留下的不利影响也无法检测或预料。

5. 资源管理要求高。综合本工程体量大、工期紧等特点，要保质保量按时交工；对项目的资源管理要求非常高，这是一个严峻的考验，也是本工程引入BIM技术的主要原因。

三、项目 BIM 应用目标

本工程体量大、工期短、质量要求高，为提高本项目工程设计及施工质量，加速信息传递效率，全面协调信息化管理，达到预设安全、质量、工期、投资等各项管理目标，本项目工程将现有的互联网技术、远程视频监控技术、BIM技术融入施工管理过程，通过3D深化设计、4D施工模拟、场地模拟、EBIM云平台二维扫码技术、工程量统计、成本预算、三维技术交底等BIM应用，以数字化、信息化和可视化的方式提升项目建设水平，做到精细化管理。其中，BIM应用的目标及内容如表8-1所示。

表 8-1　BIM 应用的目标及内容

优先级 (高 / 中 / 低)	BIM 应用的目标	BIM 应用的内容
高	可视化建模，提高设计效率	3D 参数化建模、深化设计
高	指导施工及开挖顺序	场地模拟
高	跟踪施工进度、模拟施工流程	可视化 4D 模拟
高	实现模型协同共享，辅助现场管理	BIM 模型轻量化与移动应用
高	实施掌握现场状态，完成 BIM 模型中信息反馈	EBIM 平台二维扫码技术
高	解决同一区域同类构件同时施工问题	物料跟踪技术
低	提高项目绿色节能指标	工程分析，LEED 评估
中	精确计算材料用量、合理分配资源	工程量统计
中	对设计变更导致的成本变更进行快速核算	成本预算
低	为建设方提供可视化 3D 模型及技术资料	三维技术交流

具体目标如下：

1.3D 参数化建模：参数化模型构件，通过参变驱动形成新的模型构件，减少重复性劳动，提高设计效率及建筑实体的可视化程度。

2. 场地模拟：划分施工区段、施工区域，依照施工场地的布设方案建模，对实际施工过程中的施工路径、大型设施、材料堆放、人员安全通行、防火设施布置等进行仿真模拟，为施工组织设计提供优化依据，合理调度资源组织施工。

3. 可视化 4D 模拟：使用 4D 软件进行施工计划仿真模拟，将施工进度计划与可视化三维模型相结合，为各施工工序合理分配工期，找出施工过程中施工空间、设施、资源之间可能存在的冲突和不足，以利于施工计划改进，显著提高计划的可实施性。

4.BIM 模型轻量化与移动应用：对大体量模型，EBIM 通过轻量化技术可实现快速压缩，并同步上传至云端，实现模型协同共享，辅助现场管理。

5.EBIM 云平台二维扫码技术：现场构件扫描二维码，可直接快速查询 BIM

模型，减少施工错误，提高施工质量与效率，实时掌握现场状态，完成 BIM 模型中的信息反馈。

6. 物料跟踪技术：解决同一区域同类构件同时施工的问题。

7. 工程分析、LEED 评估：精确计算材料用量，合理分配资源。

8. 工程量统计：按类别统计工程量，生成材料报表，控制劳动力、机械设备、材料的资源计划，实现资源快速调度，控制施工进度。

9. 成本预算：基于 BIM 模型的工程量统计，控制成本；对设计变更引起的成本变更，通过模型构件及节点部位的参数化设计，重新自动生成工程量报表及成本信息，快速实现成本核算及工程量统计。

10. 模型更新与维护工作：依据已签认的设计变更、洽商类文件和图纸，根据施工进展对 BIM 模型进行同步更新，使其在全生命周期内处于实时更新状态，完善模型信息，确保模型动态与最新设计文件及施工实际情况的一致性。

11. 临时模型绘制流程：依据业主拟变更方案建立 BIM 模型，协助业主和设计院展示调整后的结果，并测算相差值及成本预算的变化。

12. 三维技术交底：对施工现场进行技术交底，以三维信息模型代替 CAD 二维图纸实现整体项目的可视化与信息化。

四、BIM 人员配备及岗位职责

BIM 团队组织架构如图 8-3 所示，其中人员配置及岗位职责如表 8-2 所示，由 BIM 控制项目实施的方向及进度。BIM 组长负责项目的具体运行、BIM 技术的推动和应用情况，并统一协调 BIM 小组各相关方。各 BIM 小组依据工作量大小及任务分工，每组至少指定 1 名及以上熟练掌握本专业知识、熟悉 BIM 操作的人员组成 BIM 团队，负责相关专业 BIM 工作。

表 8-2　BIM 技术应用人员配置及岗位职责

团队分工	岗位职责
BIM 总负责	监督、检查项目执行进展，负责项目 BIM 团队内部工作协调和安排；负责项目实施和质量控制及对项目 BIM 应用点的监督和组织落实，实施方案审核，相关调研工作总牵头等
BIM 建模组组长	负责项目 BIM 应用点与模型的对接，监督实施应用点的落地应用，负责施工现场各专业与 BIM 的技术衔接
BIM 审核组组长	负责建模后的审核，检查现场 BIM 实施情况，确保建模信息的准确性和适用性
BIM 应用组组长	同步施工计划并保持计划和模型的智能衔接，模拟构件安装顺序，完成 4D 模拟工作；通过 BIM 的现场实施，采用 EBIM 平台实现模型协同共享，完成 BIM 模型中信息，进行物料跟踪及信息的及时查看更新等辅助现场管理；达到动态化管理，充分发挥 BIM 技术的优势
系统维护组组长	负责 BIM 信息系统正常工作，负责软硬件的采购及维护工作；负责 BIM 应用系统、数据协同及存储系统、构件库管理系统的日常维护、备份等工作；负责各系统的人员及权限的设置与维护；负责各项目环境资配的准备及维护

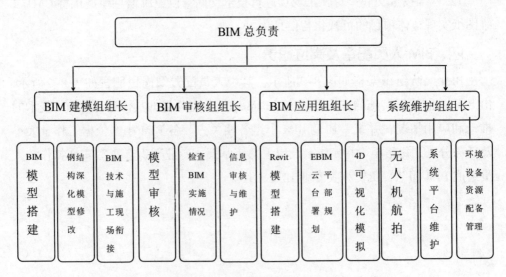

图 8-3　BIM 团队组织架构图

五、三维可视化模型创建

通过三维模型的创建，根据其可视化、模拟性特点以及参数化模型构件信息关联协调来指导现场生产施工，项目设计、建造及今后运营过程中的沟通、讨论、决策都可在可视化的状态下进行，实现信息数据的集成共享（图8-4）。可以对施工现场临时道路、设施设备、材料堆放等进行仿真模拟布置，对办公生活区进行合理排布，利用Revit2016创建三维场布，无人机航拍，模型与现实对比，合理划分并调整工作面，以达到绿色施工"节地"目标（图8-5）。根据施工现场模拟布置，可以从平面和三维角度分别展示施工区段的划分（图8-6）、吊装行走路线及资源调度，为施工方案的确定提供有效参考依据。

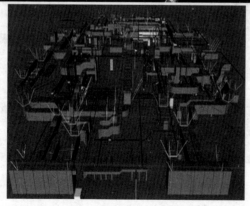

图8-4　BIM三维模型

图 8-5　BIM 三维施工场地仿真模拟布置

图 8-6　BIM 三维施工区段划分展示

六、大体量钢结构深化设计

由于本项目体量大、工期紧，因此成立了 80 人的深化设计团队并采用统一的 Tekla BIM 建模平台进行深化设计（图 8-7）。深化设计人员提前介入，配合设计院针对工程特点及安装顺序策划构件分区及命名规则。深化设计周期历时一个半月，采用 BIM 技术大大提高了各专业协同工作能力和钢结构深化设计效率。除了结构设计的相关构件外，在深化设计中还考虑了安全、安装措施、连接板件等施工措施构件的设计，使到场构件能够直接安装，节省了现场安装工期 (图 8-8)。

图 8-7 Tekla 三维深化设计

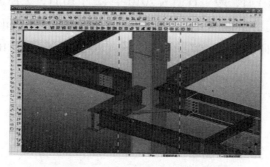

图 8-8 施工措施构件深化设计

第二节　空港项目BIM应用

一、项目简介

　　此次工程的规划用地为21.3140万平方米左右，建筑面积总共约为40万平方米，共有14栋钢筋混凝土框架结构，其中5、6、7、8、9层建筑为地上建筑，由12幢研发楼与两幢写字楼组成，约有27.93万平方米建筑面积，地下有1层，约有13.2万平方米建筑面积（如图8-9所示）。写字楼a1与b1的形式为大底盘多塔，最低为5层，最高为9层。地上部分的结构为：首层入口大厅，2层商务办公，3到顶层是标准办公层。屋顶有电梯机房、屋顶花园、水箱间、空调机房、楼梯间。地下部分由三个区a（汽车库）、b（设备用房）、c（厨房、设备用房、商务配套餐厅）组成，这三个区都位于地下一层，b区的安全防范区域达到15000平方米。各建筑中，a1、b1考虑为出租区，其他地上建筑考虑为出售区，地下部分为公共区域。选择天津空物流加工区为建设地点，具体地点是在中心大道的东面，环河北路的南面，规划支路的南面，东二道的背面。对于质量做出如下要求：按照国家规定的相关标准执行，获得了该市的"海河杯"，a1、a2、a5、a6必须获得LEED认证级的证书，a1、a2、a5、a6在机电设备配置方面达到国际保险业界普遍公认的HPR状态，验收时以业主聘请的FM资产防损顾问出具的报告为依据。开工日期为2010年3月1日，竣工日期为2010年12月10日，工期为285天（日历日）。其中机电安装工程的里程碑节点：①2010年10月30日完成正式供电；②2010年11月10日完成所有工程的联动调试工作；③2010年12月10日完成所有机电工程的验收。

图 8-9 空港商务园 B 区效果图

二、各系统概述

（一）通风空调系统

1. 地下车库、厕所、厨房、设备间的机械通风系统，包括风机、风管、消声器、电动风阀、防火隔音板、风量调节阀、止回风阀、防火软接、保温设施及除在玻璃幕墙上的风口以外的所有室内外风口等所有附件。

2. 地下一层人防的战时通风。

3. 整个项目的防排烟系统，包括防排烟风机、风管、排烟防火阀、多叶风口等所有附件。

4. 所有办公楼及地下餐饮的空调系统，包括蓄热锅炉、热回收式新风机组、风机、水泵、风管、水管、保温措施、减振措施、管道和设备的油漆及标牌等附件。

5. 所有关于空调、通风设备的电气工作，包括控制柜、从控制柜到设备（风机/空调机/电动风阀等）之间的布管和配线、预留接口给消防报警系统和楼宇自动控制系统。

6. 所有关于空调、通风的监控系统，包括阀门、压力、温度、流量传感器及控制器。

（二）给排水系统

1. 整个二次加压给水系统，包括设备、管道、阀门、设备电气接线等一套完整的工作及市政给水入户后的工作。

2. 整个排水系统，包括设备、管道、阀门、设备电气接线等一套完整的工作。

3. 整个中水系统，包括设备、管道、阀门、设备电气接线等一套完整的工作（从污水处理站后清水池中水提升泵算起）。

4.C 区地下广场雨水压力排水系统，包括潜水泵、相关阀门、压力排水管（出外墙外 1.5 米）。

（三）动力照明系统

1. 高压配电系统的设备，包括 10kV 高压开关柜、10/0.4kV 变压器、所有 10kV 高压电缆、10kV 变电站用交 / 直流屏，高压配电系统有源模拟屏和设计规定的全部附件的制造、供应、安装、接驳、测试、试运转和交付使用。

2. 低压配电系统（380V，3 相，50Hz）的设备，包括但不仅限于：变配电室内的所有配电柜（箱）、各受电设备的所有低压母线及插接箱，电缆，电线；非精装照明灯具，安全出口指示牌，动力电源隔离器，插座，电气及防雷接地系统；主要设备系统控制接口（与 BMS 承包商系统联络）。

3. 分支电路配电系统，包括电缆、电缆盘、各类熔断器开关 / 隔离开关 / 断路器、所有电缆套管、桥（梯）架、吊架、支承、框架和所有在安装系统时所需的其他零件。

4. 完整的母线槽系统，包括母线槽本体、电缆进线节、分线箱、各类接头、变容节、膨胀节、软性节、端封、固定座、支架及各种安装附件等。

5. 为所有弱电系统提供配电设施，含配电箱、供电电缆（AC220V 及以上）、供电电线（AC220V 及以上）及接线座等。

6. 整个动力系统的最终电路布线系统，包括配电箱、隔离开关、微型断路器、电缆 / 电线、隐蔽导管或表面导管、电线槽、最终线路附件和所有在安装系统时所需的其他零件。

7. 整个照明系统的最终电路布线及控制系统，包括配电箱、隔离开关、微型断路器、电缆 / 电线、隐蔽导管或表面导管、电线槽、计时开关、照明灯具供电点和所有在安装系统时所需的其他零件。

8. 照明灯具的供应及安装：室内非精装修区域内的灯具安装、电源接驳、配线配管及安装。

三、BIM 技术的引入

（一）BIM技术在投标前期的引入

2010 年元月，天津安装工程有限公司（以下简称公司）准备投标空港商务园B 区机电安装工程项目，在购买标书时，公司发现本工程在验收交付时业主多为外企独资或合资企业，且相关验收标准及相关认证也较多参照国外办公楼相关标准。公司于是决定将引用 BIM 相关技术针对本工程全方位进行操作。在投标前期，公司成立了以董事长为首的空港商务园 B 区机电安装工程项目应用 BIM技术的领导班子。有专门的 BIM 技术部门进入项目部，培训相关工程技术人员的 BIM 技术是项目开始的准备工作，培训时间为 1 个月。一台服务器、八台图形工作站以及一台移动图形工作站是运用 BIM 技术所必须的硬件配备，进行了千兆局域网的构建，20M 独立光纤作为项目的网络支持。在软件配备方面，软件采用 AUTODESK Revit 系列软件，软件包括 AUTOCADRevit Architecture（建筑）、AUTOCAD Revit Structure Suite（结构）、AUTOCAD Revit MEP Suite（机电）、AUTOCAD Navisworks Manage（集成、分析）。Revit 系列软件采用建筑信息新技术——BIM 技术，该软件在公司 2008 年空客 A320 飞机总装线工程项目中得到充分发挥。为确保空港商务园 B 区机电安装工程项目的顺利中标，公司将整个招标图纸运用 BIM 技术进行全专业数据建模，例如在图 8-10 中可以看出建模后的地下一层综合管线的模型。

图 8-10 空港商务园 B 区 A1 栋地下一层局部综合管线的模型

通过图8-10我们可以非常直观地找出招标图纸中的各专业的相关问题及漏洞，为招标答疑提供有效的技术帮助以及相关数据的支撑。15-20天通常是项目招标单位让施工企业开展投标的时间。如果参照过去的老方式，想在15-20天内完成招标工程量是几乎不可能的，组价的参照只能依照招标工程量，先得出最终的总价，再对总价进行优惠后报价，而使用BIM技术就能在最短的时间内得出最准确的结果。公司预算部门通过多人协作，仅用了10天的时间就完成了21万平方米机电安装工程量的运算，比较计算出的工程量和招标工程量，然后排列顺序，顺序的排列依据是差值百分率，然后再处理排序的结果：①通过不平衡报价的方式进行报价，将利润去除；②计算成本，在投标白热化的最终让利阶段能够做到有相关数据支撑，不再像以往那样靠经验、靠单方平米计算，拍脑门。在唱标过程中，公司率先运用BIM三维技术，采用全景、全方位、零死角的演示方式，运用4D可视化模型技术，虚拟展示施工工艺，使甲方及部分业主能够清楚地了解整体建筑布局和各个专业的施工位置，管线走向更加清晰，制作漫游动画来模拟复杂节点，仿佛置身其中。通过图8-11我们能够明显看到运用BIM技术在演示时的直观场景。

图8-11　空港商务园B区C1地下室管廊处（部分）模拟漫游动画

施工单位不能通过拼商务标的方式进行招标。只要具有过硬的技术，中标自然不是难事，技术是业主最关注的重点，特别是比较难的工程更是这样，在技术标中如果是1分，那就是几百万的商务标。三维可视化是BIM最显著的特征，施工前期、中期都需要碰撞检查，而利用BIM的三维技术就十分方便，对原本设计方案中不合理的地方也能及时发现并进行修改，这样就不会因为在施工后再发现错误而耽误施工的工期，也避免了施工材料的浪费，同时也降低了业主的成本。利用 BIM 技术在技术标演示环节中实现碰撞检查，甲方及业主能够直观地看到综合管线优化排布以及碰撞结果，双方非常认可这种技术，技术标的分数也会因为业主和甲方对技术的认可而提高，并在众多投标单位中充分达到脱颖而出、与众不同的显著效果。图 8-12 为经过优化后的新管线布局建议图，让甲方能够直观地看到更改前后的位置对比，为甲方在日后洽商变更时提供充分的数据影像支撑。

图 8-12　空港商务园 B 区 C1 公共区域管廊优化系统图 (部分)

由于前期公司运用 BIM 技术的全过程跟进，给甲方及业主方留下了深刻的印象，最终公司中标空港商务园 B 区机电安装工程项目，中标造价高达 1.54 亿元，这也是公司近三年以来在京津冀区域内机电安装施工专业最高中标额工程，本工程也是公司在 BIM 运用阶段内的里程碑工程。

（二）BIM技术在中标后施工前期的引入

1.施工现场组织阶段

由于本工程施工面积大，建筑栋号较多，故以公司所有项目人员为组成班底，设大项目部和两个子项目部。大项目部设置技术质量部、物资机械部、工程安全部、工程核算部（BIM 团队部）、综合办公室，子项目部具体执行工程内各个栋号的安装工程。根据本工程特点，拟成立两个子项目部，分别负责 1-7 栋号，和 8-14 栋号的施工管理工作，配备给排水、通风、电气等各专业工程师和工长，依照甲方和投标文件的要求，按期高质量完成工程建设任务。特别是 a1、a2、 a5、a6 等 4 个栋号要获得 LEED 认证级的证书，并在机电设备配置方面达到国际保险业界普遍公认的 HPR 状态。公司将专门选派有绿色节能认证和互助保险方面经验的人员参与全程施工管理，达到业主要求。

2.BIM 建模阶段

本工程属于空港"十大战役"之首项目，工程涉及的分部分项工程及隐蔽工程资料相当庞大且相互交叉，原投标用施工图不能将建筑结构直观反映出来，利用现场摸点排查的方式很难保证一点错误不发生，BIM 团队在土建施工图纸的基础上利用机电设计图纸进行机电模型的建立（图 8-13）。

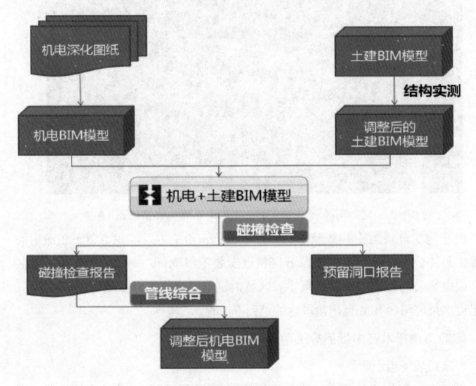

图 8-13　空港商务园 B 区机电安装工程 BIM 应用流程图

3.成本分析项目交底阶段

（1）成本分析阶段

由于前期项目已经运用 BIM 技术，对投标清单工程量和施工图纸工程量进行了对比、分析，使得在中标后成本分析阶段思路就十分清晰，项目通过前期的量差对应比较，通过以下三个方面制定了增利预案：①在经营方面部分的调增。

这部分主要体现在对电气按照二版施工图相对清单量调价；争取额外管理费的方案；争取甲方同情，从指定造价的人防部分争取管理费用的收取。②现场管理部分的调增。这部分主要体现在节约项目费用投入；争取工程增项收入；严控物资采购用量和现场耗料，节约物资；在满足现场工艺标准及质量要求的前提下，最大限度选用替代产品，争取额外创效。③竣工收尾部分的调增。这部分主要体现在施工过程提高签证力度和质量，结算中争取效益；严控分包结算工程量，对分包结算做到合理最低。

(2) 设备材料物资统计阶段

本工程体量大，施工工艺要求高，工期要求紧，材料涉及面广且种类繁杂，加之相应质量标准参差不齐，这给公司项目部造成前所未有的困难。例如现场材料中有大量的机电设备、阀门仪表、卫生器具等，量大且规格多样，需要分部位分规格清单式整理物资需用计划。以往的按照图纸清单算量远远不能满足工期要求，投标时给的清单往往跟实际施工中也有较大差距。为此项目通过运用 BIM 技术，在 BIM 模型中录入所有可收集的设备信息，例如规格参数、品牌、数量、供货周期、质量要求等，这样项目在备料过程中只需按节点施工顺序备料即可。

(3) 项目交底阶段

通过运用 BIM 相关技术，公司对项目施工作业人员进行技术安全等施工管理要求交底就变得十分清晰全面。

4. 在技术交底方面

在鲁班 BIM Works 软件中整合机电 BIM 模型以及土建 BIM 模型，从而实现点位的碰撞检查。3.175m 是空港商务园 B 区标准层的层高，公共区域需要铺设许多管线，所以需要较高水平的管线排布通过原来的梁洞排布机电系统，因为梁洞的另外开设影响整体结构的稳固性，所以即使图纸有改变也尽量对梁洞不做改变。碰撞点通过鲁班 BIM Works 系统都能找到，而且所花的时间较短，预留洞口报告和碰撞检查报告也能在系统运行完毕后得出。有 46 个碰撞点存在于地上 B3-3 层标准办公区域层中，需要将每一个碰撞点都一一解决，这样才不会耽误工期，也可以降低成本。在 BIM 技术的帮助下能够得出预留洞的位置，预留洞口报告显示，具有 20 多个穿钢梁的预留洞口以及 30 多个穿结构梁的预留洞口，洞口具体在钢梁哪个位置上都在报告中有所显示，为预留预埋工程提供参考。图 8-14、图 8-15、图 8-16 可以看出运用 BIM 技术进行相关技术交底。图 8-17 为现场技术管理组织机构图。

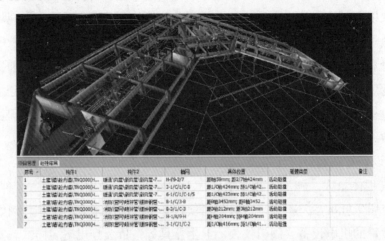

图8-14　空港商务园B区B1一层连廊处碰撞模型图(局部)

图8-15　空港商务园B区B3地下室现场预留洞口节点与模型对比(局部)

图 8-16 空港商务园 B 区 B3-3 层公共区域走道处管线走向的虚拟交底 (局部)

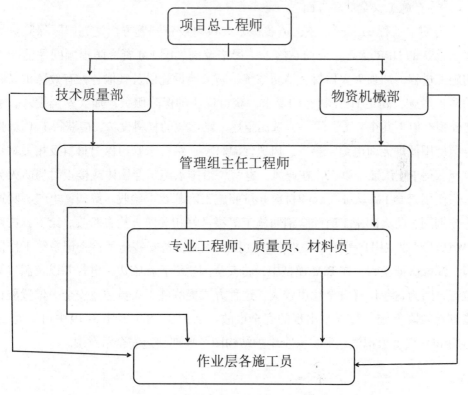

图 8-17 空港商务园 B 区现场技术管理组织机构图

5.在施工质量交底方面

工程质量管理的目标是掌握总体的质量状况，同时局部的质量也是工程质量管理中关注的重点，过程控制以及动态管理是工作程序的两个重要环节。正因为工程质量管理的这两个要求，所以运用 BIM 模型对整体和局部质量都能有所把握，该模型能直观显示局部的质量以及总体的质量情况。信息是 BIM 质量管理的关键，质量管理因为快速的信息传播而更加高效。

质量管理的各个步骤都需要 BIM 进行工程质量信息的传递，使每个环节都能了解其他环节上的质量情况，保证整个工程质量的一致性。在工程质量管理中运用 BIM 仍然需要我们花费时间去摸索，与过去的质量管理方式相比，BIM 对工程质量的管理是一个极大的进步，它使得质量管理系统更加有效。利用 BIM 的三维模型能够及时了解出现质量问题的地方，对于解决工程质量出现的问题更加方便。

(6) 在施工安全交底方面

为使本工程 a1、a2、a5、a6 各栋号在机电设备配置方面达到国际保险业界普遍公认的 HPR 状态，公司在施工中严格控制影响 FM 资产防损顾问评估的一切施工过程，加强灭火器材、消防系统、防火墙设施以及其他各种有效防护设施的防护措施，满足 HPR 状态的要求，获得优质的保险服务，加大安全投入。主要体现在以下几个方面：第一，选用阻燃、难燃烧的材料设备，应获得 FM 认证，电缆使用低烟无卤电缆。第二，风道保温材料、给排水管道保温材料及相关材料也应获得 FM 认证。第三，在通风、电气、给排水施工穿墙体或楼板时遇防火分区应使用符合 FM 认证要求的材料并按照施工隐蔽要求验收。第四，电气、暖通等排烟阀、防火阀施工时配合消防施工等级做好相关防火检查验收。第五，按照 FM 认证对业主用户等单位要求做好过程准备及设备安装施工检查记录等工作措施，配合认证验收。在 BIM 模型中，将安全围栏设置在临边、电梯井以及洞口等位置，因为这些位置安全隐患较大，这种方式提醒施工人员注意安全，位置醒目能够有效降低施工过程中出现的安全事故。从图 8-18 中及图 8-19 中可以看出，运用 BIM 模型模拟演示洞口安全维护结构图及局部临边安全示意图。

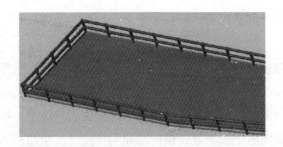

图 8-18　洞口安全维护结构图

图 8-19　局部临边安全示意图

（三）BIM技术在施工过程中的引入

各专业技术人员在项目开始后就要认真研究各专业图纸，进行 BIM 三维模型的构建，建设模型完成后，标注各设备物资材料的参数，将材料的型号、品牌、尺寸、规格等参数标注在物资材料上。在项目进度的基础上进行专业图纸的总结，对设计方案进行碰撞检查得出碰撞报告，对照报告中的结果，修改原本设计中不合理的地方，进行各专业二维施工图以及三维管线综合图的构建。

1.设备物资材料管理环节

传统材料管理模式就是企业或者项目部根据施工现场实际情况制定相应的材料管理制度和流程，这个流程主要依靠施工现场的材料员、保管员、施工员来完成。施工现场的多样性、固定性和庞大性，决定了施工现场材料管理具有周期长、种类繁多、保管方式复杂等特殊性，这些特性决定了施工现场材料管理具有以下特点：第一，施工周期长决定了施工现场材料管理周密复杂、露天保管多。第二，施工过程不确定性决定了现场材料管理变化多端，往往计划赶不上变化。

第三，专业工种多决定了现场材料品种繁多，小到一个螺丝钉、大到上百吨甚至更多的大宗材料。

传统材料管理模式存在三个主要问题：第一，核算不准确要么造成大量材料现场积压、占用大量资金、工程成本上扬，要么停工待料，无法满足预订工期要求。第二，材料申报审核不严造成错误采购，损失大量资金。第三，变更签证手续办理不及时导致变更手续失效，最后与业主扯皮，甚至造成不必要的损失。三维可视化是 BIM 的重要特征，另外 BIM 也是关联数据库中的一种。在模型的基础上对每个构件的材料用量都能有效统计，将每个区域所需的材料运输到相应的位置，保证材料的供应，避免因为材料不充足而运输第二次，各工序的配合也会更加紧密，效率也会极大的提升。项目处于不同阶段，具体管理所需的设备和物资也不同，要对所需的物资进行及时调配。在 BIM 模型的帮助下，物资设备统计表能够在系统中生成，工程技术人员对材料需求量的统计就会更加准确，主要利用物资设备统计表再结合工程的进度，采购物资由物资部门负责。通过限额领料制度能够对材料进行有效管理，限额领料单由系统产生，施工人员如需领用相关材料只需凭借限额领料单领用即可。与传统 CAD 相比，BIM 具有可视化的显著特点。设备、电气、管道、通风空调等安装专业三维建模并碰撞后，BIM 项目经理组织各专业 BIM 项目工程师进行综合优化，提前消除施工过程中各专业可能遇到的碰撞。项目核算员、材料员、施工员等管理人员应熟读施工图纸、透彻理解 BIM 三维模型、吃透设计思想，并按施工规范要求向施工班组进行技术交底，将 BIM 模型中用料意图灌输给班组，用料交底通过 BIM 三维图、CAD 图纸或者表格下料单等书面形式完成，确保领用的每一份材料都能用到实处，尽可能少的出现边角料，降低建设成本。

项目施工中经常出现工程设计改变以及签证增加的情况，如果不能及时改变工程，就会形成材料积压。在动态维护工程中，BIM 模型可以及时地将变更图纸进行三维建模，将变更发生的材料、人工等费用准确、及时地计算出来，便于办理变更签证手续，保证工程变更签证的有效性。项目经理部应该首先决定变更出现的材料积压如何处理，再执行接收工程变更通知书，业主收购一般是解决材料积压的方式，如果处理不得当，就会出现材料积压的情况，材料成本就会相应增加。

2. 施工过程中质量管理环节

参建主体通常关注的工程项目的质量信息是不同的，有了 BIM 的帮助，参建方管理工程的质量就变得更加方便，表 8-3 是参建各方交叉管理示意表：

表 8-3 参建各方交叉管理示意表

应用对象	关键质量信息	BIM 辅助可强化的特性
施工方	施工记录和材料信息	记录质量工作情况和具体信息
监理方	检查验收信息、问题处理信息、质量分析	准确指出和分析具体质量情况
业主方	质量管理总体情况	直观了解和掌握总体质量情况
工程整体		整体沟通和协调效率提升

信息是 BIM 质量管理的重中之重，一个高效的质量管理离不开高速的信息流转。工程项目的各个环节通过 BIM 进行工程质量信息的传递，确保每个环节对工程质量的把控具有一致性，也能更加快速地传播信息。数码相机、IPAD 等拍照工具都可以采集数据。如果需要采集的地点有较多的采集对象和较大的信息量，就要通过全景扫描技术对质量信息进行采集，同时拍摄视频影像，使得质量信息更加具体。在 BIM 模型中加入采集到的信息，在原本模型的基础上进行新的质量信息维度的增加。施工单位可以利用 BIM 的质量管理记录材料管理全部信息，在模型中录入质保书、原厂检测报告以及材料等内容，同时连接构件部位。监理单位审核材料信息也可以借助 BIM 的帮助，同时在模型中标记抽样送检的材料的位置，保证更加准确的材料管理信息。

对比施工状况和 BIM 模型，将每个构件和检查信息相联系，这样记录的信息就会更加准确，将来进行统计也会更加容易。报验申请方使用 BIM 技术也会使日常工作变得更加便利，报验申请方要想得到报验申请表，只需要在系统中录入相关数据即可，提示责任者审核、签认的短信也能够进行设置，确保审核、签认的及时性。通过该模型录入信息就会变得更加规范，报验审核信息流转效率也能大大提升。

在 BIM 实施工程管理的基础上，利用前台操作窗口登 BIM 模型中的信息室，接着模型的构件会集成相关的质量信息，最终前台操作窗口得到的信息是独立标签的形式，要想管理相关的质量信息也在窗口中实现。记录信息、基础信息以及处理信息都属于质量信息。

公司在空港商务园 B 区机电安装工程案例中，选取该项目给排水专业工程作为试点进行了基于 BIM 实施质量管理的试点应用，在 BIM 模型中计入全部的排水系统工程的质量信息，利用模型管理重要的质量部分。完成时间、部位以及施工时间等施工信息在施工计划中获得，这些施工信息在施工开始之前就要录入到模型中，确保模型具有施工信息属性。在施工现场实时收集监理工程师提出的质量问题，记录的工具可以是 IPAD 等照相设备，记录的形式可以是照片、视频等。通过文字的形式将发现的问题记录到模型中，同时联系模型构件，这样收集与录入关键信息的工作就完成了。对现场状况进行记录，同时把相关的质量信息保存在数据库中，整体 BIM 模型的录入也就完成了。接着利用模型分析现场质量状况，如果出现较为严重的质量问题，将通知单下发给施工单位，质量管理系统将该质量信息的标签进行升级，通过红色标记的质量信息说明监理工程师的通知单已经下发，业主需要格外关注该部分的质量问题。如果监理在 BIM 质量管理系统相应的降低原来的标签等级，就说明施工方已经整改并告知监理。

现在人们仍然在研究 BIM 在工程质量管理中的运用，与过去的管理模式相比，该系统效率更高。质量问题出现的地点与对象都能在 BIM 的三维模型中体现出来，有利于及时对出现的问题进行整改。

（四）BIM技术在竣工验收移交过程中的引入

根据本工程的施工特点及相关规范标准的要求，公司在竣工验收移交会上，对整个工程施工资料进行整合、分类、提取，为甲方及部分拟进驻业主做 BIM 全方位模拟 3D 验收演示。

在演示会上，甲方及业主可以通过模拟动画，仿佛置身项目现场，所有隐蔽工程的施工工艺、技术以及综合管线的走向，点位的标注都可以在模拟动画中演示出来。例如在对业主进行隐蔽工程讲解一项中，公司运用模拟动画，将空港商务园 B 区 A3 栋办公区域（局部）机电综合管线点位及走向实际图和 SD 模拟图进行了对比：

图 8-20 A3 栋办公区域（局部）综合管线实际图和 SD 模拟图对比

　　从上图中我们可以清晰看出各种管线、桥架、风道的走位及详细的信息记录情况，这就为甲方、业主、物业等提供了全部数据，日后业主二次装修时可以将这些数据用于参考和分析。

　　与传统的通过竣工图纸进行验收移交相比，BIM 摒弃了 CAD 用点、线、符号等简单元素表示某元件的理念，而采用面向对象的数据表达形式来描述项目一个组成部分。例如，不再用平行的线段表示电缆，而是在设计工具中创建一个电缆类的实例，每个实例都有它的属性，包括位置、尺寸、组成和型号等。这样的模型承载的信息比平面图加电缆清册要丰富得多。

　　与传统的竣工图纸相比，竣工模型更直观、准确，能快速找寻物件的所有相关信息，节省了找寻翻阅资料、查阅图形和学习认识时间。所以与传统 2D 的竣工图与文档模式相比，竣工模型在实现共享信息、协同管理、提高运营效率方面占有优势。因为建筑周期从设计到施工完成，中间产生的海量变更信息，都可以事无巨细地存储在模型中，并且能实时更新。

　　对于一开始就用 BIM 贯彻整个建筑周期的项目，工程竣工时，所更新的模型就是竣工模型，而且用模型更新更改信息，保证了各个平面图、直观图、剖面图的一致性，省去了查验比对一致性的复杂环节。传统的 2D 图只能是平面图、直观图、剖面图逐张更改，既是比 BIM 方式慢了 2 倍，每个环节交接查验也慢了 2 倍。建筑物正式投入使用时要持续监测与维护建筑物的设备和结构设施。维护策略是否完善对建筑物的安全稳定等性能有极大的影响，同时维护能够减小修理与能耗成本，最终减少整体维护资金。

在运营维护管理系统中融合 BIM 模型，能够使数据记录与空间定位的优点得到彻底发挥，各项维护工作由专人负责，进而使建筑物发生意外事故的几率减小。对于重要装置，通过跟踪维护的历史工作记录，能够提前判别重要设备的适用状况。竣工模型信息量大，涉及信息面广，宛如一个数据库。所以如何建立、用作何种用途，细节程度等都需要在整个建模流程前确定清楚，这些也将确定整个竣工模型的最终形态和整体工作量。后期物业管理的工作量能够通过竣工信息集成得到减少，同时未来的扩建、改造及翻新等工作可以得到有效地参考，使业主和项目团队掌握更准确的信息。通过 BIM 和有关的灾害分析软件可以模拟逃生疏散通道，通过对灾害出现的原因、过程进行模拟分析，有针对性地设计防止灾害的策略，并使灾害出现后逃生、救援、疏散等应急预案的有效性更高。

出现灾害之后，救援人员紧急状况位置的全面信息能够通过 BIM 模型查看，从而使应对突发灾害的效果更好。除此之外，建筑物和主要设备的工作状态可以通过楼宇自动化系统进行查看，到达紧急状况点的最佳路径也能通过该系统查看，从而提高救援工作者的工作效率，使应急救援行动的效果更好。

四、应用成效

该项目表明 BIM 技术的有效性、创新性及先进性等非常出色，突出的优点在于极大地提升了工作效率，在排布管道及现场施工指导过程中，使用三维模型进行参考，工作效率及效果会更加出色。

通过 BIM 技术在深化设计、物资设备管理、成本管理、运营维护管理中的应用，能够提高项目管理水平，降低施工成本，减少能源消耗，营造绿色施工。并通过该课题的实施，制定 BIM 技术企业标准和技术文案，建立完整的机电安装工程构件库，开发一套基于 BIM 技术的现场施工管理系统。效益分析如下：第一，精确深化设计，避免设计错误，减少工程投入及返工成本。第二，利用 BIM 三维模型，计算出精确的材料需用计划，避免材料浪费。第三，仿真施工模拟，优化施工进程，降低施工成本。第四，可视化的三维模型，与建筑相关方沟通便捷，提高工作效率。第五，提供真实的完整的建筑模型，为建筑运营维护带来便利。第六，建设绿色建筑，降低建筑能源消耗。

结束语

进入 21 世纪后，一个被称为"BIM"的新事物出现在全世界建筑业中。"BIM"源自于"Building Information Modeling"的缩写，中文译为"建筑信息模型"。BIM 问世后不断在各国建筑界中施展"魔力"许多接纳 BIM、应用 BIM 的建设项目，都不同程度地出现了建设质量和劳动生产率提高、返工和浪费现象减少、建设成本得到节省及建设企业的经济效益得到改善等令人振奋的现象。本书把 BIM 与土木工程相结合，结合 BIM 技术在国内外的相关研究现状和施工阶段的项目管理，从施工项目管理的质量管理、成本管理和进度管理三个角度阐述了基于 BIM 技术的施工阶段应用研究，经研究得出以下结论：

1. 分析了施工阶段项目管理存在的不足及基于 BIM 技术的施工项目管理的内容，认识到 BIM 技术可以提高我国施工阶段的项目管理效率。

2. 本书重点研究施工项目管理中质量管理、成本管理和进度管理，分别阐述了在施工阶段中传统质量管理、成本管理和进度管理三个方面存在的问题及产生问题的原因，通过对 BIM 技术在施工阶段的应用研究，有效采用了 BIM 技术应用于施工阶段的质量管理、成本管理和进度管理。并且针对 BIM 技术与传统方法在施工质量、成本、进度管理中的优缺点进行对比分析，充分利用了 BIM 技术可视化等特点，提高了施工项目管理效率，优化了资源配置，提高了施工质量，降低了施工成本，并有效缩短了施工工期。并对建筑进行建模三维模型，这样可以使读者更加清晰地了解 BIM 和施工技术，对全部施工技术进行了更加客观与立体的测评，给读者在建筑施工方面提供了借鉴。

通过大量文献研究及 BIM 应用的案例研究，本书得出了以上结论，但是由于作者的经历有限，本书对 BIM 技术在施工阶段的应用研究深度还有所欠缺，还有以下三个方面内容需要进一步研究：

1.对传统施工阶段三大目标管理方法中存在问题的总结不全面，还有一些实际问题在文中并未提出并加以讨论解决。

2.本书对施工阶段的 BIM 应用分析不够全面，还包括安全管理等，需要在今后的研究中进一步完善。

3.本书对 BIM 技术在施工阶段的应用研究，大部分采用定性分析方法，缺少数据和定量分析，需要在今后研究中进一步加强。

参考文献

[1] 赖继文. GPS 测量技术及其在工程测量中的应用 [J].地矿测绘，2006.

[2] 张建平. BIM 在工程施工中的应用 [J].施工技术，2012.

[3] 高晶晶，邹俊桢，张金钥. BIM 技术在桥梁施工中的应用 [J]. 桥隧工程，2016.

[4] 洪磊. BIM 技术在桥梁工程中的应用研究 [J].成都：西南交通大学，2012.

[5] 张为和. 基于 BIM 的夜郎河双线特大桥施工应用方案研究 [J]. 铁道标准设计，2015.

[6] 李季晖，孙永震，曾绍武. BIM 技术在连续梁施工管理中的应 [J]. 西部交通科技，2014.

[7] 叶之皓.我国装配式钢结构住宅现状及对策研究 [J].南昌大学，2012.

[8] 杨聪武，冯铭.钢结构住宅产业化设计探讨 [J].建筑结构，2011.

[9] 谷洁辉. 苏联盒子建筑发展概况 [J].建筑技术，1984.

[10] 徐铁柱. 钢筋混凝土整浇预制房屋的应用与分析——盒子构件建筑的应用与分析 [J].北京建筑工程学院学报，1995.

[11] 陈树义.盒子结构房屋的抗震性 [J].华中建筑，1985.

[12] 屠达.预制的盒子结构建筑在美国 [J].建筑施工，1983.

[13] 刘颐佳，高路.盒子结构建筑及应用与展望 [J].四川建筑，2008.

[14] 王宁，黄永胜，黄敦坚. 模块化—建筑产业化发展的必由之路 [J]. 建筑，2015.

[15] 陈金根. 威信 3D 模块建筑技术体系引领中国住宅产业前行 [J]. 住宅产业，2014. 11.

[16] 张克穷. 轻钢龙骨组合墙体抗剪承载力计算方法研究 [J]. 唐山学院学报，2011.

[17] 贺明玄，沈峰. BIM 技术在建筑钢结构制作中的应用 [J]. 中国建筑金属结构协会钢结构分会年会和建筑钢结构专家委员会学术年会论文集，2014.

[18] 何关培. BIM 和 BIM 相关软件 [J]. 土木建筑工程信息技术，2010.

[19] 李恒，郭红领，黄霆，陈镜源，陈景进. BIM 在建设项目中应用模式研究 [J]. 工程管理学报，2010.

[20] 周建亮，吴跃星，鄢晓非. 美国 BIM 技术发展及其对我国建筑业转型升级的启示 [J]. 科技进步与对策，2014.

[21] 贺灵童. BIM 在全球的应用现状 [J]. 工程质量，2013.

[22] 张建平，李丁，林佳瑞，颜钢文. BIM 在工程施工中的应用 [J]. 施工技术，2012.

[23] 祝连波，田云峰. 我国建筑业 BIM 研究文献综述 [J]. 建筑设计管理，2014.

[24] 邱奎宁，李洁，李云贵. 我国 BIM 应用情况综述 [J]. 建筑技术开发，2015.

[25] 陈清娟，郑史敏，贺成龙. BIM 技术应用现状综述 [J]. 价值工程，2016.

[26] 王树友. BIM 技术在施工阶段的应用研究 [J]. 价值工程，2015.

[27] 拾秋月，王军，方继涛. BIM 技术在施工阶段成本控制中的应用研究 [J]. 建筑经济，2016.

[28] 陈祥赟，董娜，熊峰，肖梓熙. 基于 BIM 的某项目进度与成本控制研究 [J]. 施工技术，2014.

[29] 王亚中，李伟，李洪义，张洪军. BIM 技术在长春万豪东方广场城市综合体工程施工质量控制中的应用 [J]. 施工技术，2015.

[30] 凯斯·斯努克，曹春莉. BIM 是关于整个星球的 [J]. 土木建筑工程信息技术，2015.

[31] 何关培. BIM 总论 [M]. 北京：中国建筑工业出版社，2011.

[32] BIM 工程技术人员专业技能培训用书编委会. BIM 技术概论 [M]. 北京：中国建筑工业出版社，2016.

[33] 葛清. BIM 第一维度 [M]. 北京：中国建筑工业出版社，2013.

[34] BIM 工程技术人员专业技能培训用书编委会. BIM 应用与项目管理 [M]. 北京：中国建筑工业出版社，2016.

[35] 刘广文，牟培超，黄铭丰.BIM 应用基础 [M].上海：同济大学出版社，2011.

[36] 李邵建.BIM 纲要 [M].上海：同济大学出版社，2015.

[37] 刘占省，赵雪锋.BIM 技术与施工项目管理 [M].北京：中国电力出版社，2015.

[38] 何关培，李刚.那个叫 BIM 的东西究竟是什么 [M].北京：中国建筑工业出版社，2011.

[39] 张季超，吴会军，周观根等.绿色低碳节能关键技术的创新与实践 [M].北京：科学出版社，2014.

[40] 戴国欣等.钢结构 [M].武汉：武汉理工大学出版社，2012. 07.

[41] 沈聚敏.抗震工程学 [M].北京：中国建筑工业出版社，2000.

[42] 北京金土木软件技术有限公司.ETABS 中文版使用指南 [M].北京：中国建筑工业出版社，2004.

[43] 北京金土木软件技术有限公司.SAP2000 中文版使用指南 [M].北京：中国建筑工业出版社，2004.

[44] 王新敏.ANSYS 工程结构数值分析 [M]北京：人民交通出版社，2007：7-208.

[45] 王新敏，李义强，许宏伟.ANSYS 结构分析单元与应用 [M].北京：人民交通出版社，2007，90-108:328-338.

[46] 王焕定，王伟.有限元法教程 [M].哈尔滨：哈尔滨工业大学出版社，2003.

[47] 何关培.中国工程建设 BIM 应用研究报告 [M].北京：华中科技大学 BIM 研究中心，2011.

[48] 毛志兵.建筑工程设计 BIM 应用指南 [M].北京：中国建筑工业出版社，2014.

[49] 毛志兵.建筑工程施工 BIM 应用指南 [M].北京：中国建筑工业出版社，2014.

[50] Autodesk Asia Pte Ltd. Revit2012 应用宝典 [M].上海：同济大学出版社，2012.